U0808724

上海国际航运中心洋山深水港工程动力地貌响应

虞志英　李身铎　张志林　等著

科 学 出 版 社

北　京

内 容 简 介

上海国际航运中心洋山深水港建于长江口和杭州湾口外的崎岖列岛海域，地形和水文泥沙条件甚为复杂，给港口工程建设带来了困难。本书通过历年来对该工程区海域进行多次潮汐潮流、波浪、泥沙、沉积、地形调查，对调查资料进行系统整理分析，总结其演变规律，为不同时期的港口工程建设设计提供科学依据，同时对崎岖列岛海区复杂的动力地貌演变规律进行理论总结。

本书可供从事海洋工程、港口航道工程和水利工程的有关技术人员，高等院校海洋、港口、水利、环境工程有关专业师生参考阅读。

图书在版编目(CIP)数据

上海国际航运中心洋山深水港工程动力地貌响应/虞志英等著. —北京：科学出版社，2013.9
ISBN 978-7-03-038619-9

Ⅰ.①上… Ⅱ.①虞… Ⅲ.①深水港-港口工程-海岸地貌-研究-上海市 Ⅳ.①U658

中国版本图书馆 CIP 数据核字(2013)第 217391 号

责任编辑：许 健 / 封面设计：殷 靓
责任印制：刘 学

科学出版社 出版
北京东黄城根北街 16 号
邮政编码：100717
http://www.sciencep.com
南京展望文化发展有限公司排版
上海锦佳印刷有限公司印刷
科学出版社发行 各地新华书店经销

*

2013 年 9 月第 一 版 开本：B5(720×1000)
2013 年 9 月第一次印刷 印张：10 3/4
字数：162 000

定价：150.00 元

《上海国际航运中心洋山深水港工程动力地貌响应》作者名单

虞志英　李身铎　张志林
徐海根　朱巧云　庄　骅

前言

位于长江口和杭州湾外三十余千米的崎岖列岛是上海国际航运中心洋山深水港所在，列岛由南、北两列岛链组成，北部为小洋山岛链，由 26 个大小岛屿组成，以小洋山岛最大；南部为大洋山岛链，由 34 个岛屿组成，大洋山岛为最大岛屿。两列岛链由西向东呈漏斗状排列，西口门宽 7.7 km，东口仅宽 1 km，东西长约 11 km，岛链内水域面积约 4.5 km^2，水深 15 m 以上的深水岸线在 15 km 以上。洋山深水港区建设主要位于小洋山一侧岛链，至今已形成一、二、三期码头区，拥有深水泊位 16 个，2011 年吞吐能力已达 1 300 万 TEU 以上，已经确立了国际集装箱枢纽港竞争中的优势地位。

笔者长期从事与河口海岸及近海海洋工程有关的动力沉积地貌学科的研究工作，积累了较为丰富的实践经验和理论基础。受洋山同盛港口建设有限公司的委托，对港址所在的崎岖列岛海域水文、泥沙运动和沉积地貌演变进行系统分析研究。对建港工程中不同阶段堵汊工程前后港区内水沙运动和冲淤规律进行机理分析。提出港区海域因工程引起的地形改变，在潮动力场中存在着非线性运动特征；阐明了泥沙运动时空走势；指出一、二、三期的堵汊工程导致港区海域的冲淤变化与堵汊前后进出主通道海域的潮量、沙量密切相关。同时提出保存颗珠山汊道是保证西港区建后水深及已建一、二、三期港区减淤的根本措施等主要论点。先后完成了四项研究报告，即上海国际航运中心洋山港区水沙运动冲淤特征和堵汊工程影响分析(2006 年 12 月)、上海国际航运中心洋山深水港区地形冲淤分析研究报告(2008 年 1 月)、上海国际航运中心洋山深水港西港区海床冲淤趋势和增深研究(2009 年 3 月)和洋山港海域水沙运动和海床冲淤机理分析(2011 年 5 月)。这些研究成果经主管部门组织，由院士、著名教授参加评审后，分别在工程建设实践中得到了应用，达到了满意的效果。本书是在上述研究实践的基础之上，进行理论上概括与加工提高。本书主要内容分为四个部分：一是崎岖列岛海域自然环境特征；二是洋山港区海域工程前水、沙运动和海床冲淤；三是洋山港区海域工程后水、沙运动和海床冲淤；四是洋山深水港工程海域水沙运动和地貌过程的综合研究。力求使海岸动力沉积地貌学科在为工程服务的理论和实践应用上有所创新。

本书在编写过程中，始终得到同盛集团洋山港建设指挥部领导归墨、王宣、戚秀莲和顾问总工程师邵荣顺等的关心支持，中交第三航务工程勘察设计院有限公司副总工程师徐伯勤、黄明毅和高级工程师孙士勇、张银苗的大力支持，提供所在地区的地形、水文泥沙和沉积物基础资料；编写单位领导华东师范大学河口海岸学国家重点实验室、河口海岸科学研究院领导陈吉余院士、丁平兴院长、周云轩主任、王平书记、何青副主任，以及长江口水文水资源勘测局局长田淳，副局长周丰年、周才扬，以及高健总工程师等的关心和支持。长江口航道管理局教授级高级工程师金镠对全书进行了指导、本单位杨忠勇博士等参与了本书的计算编辑工作，本书出版得到华东师范大学河口海岸学国家重点实验室的资助，在此一并表示衷心的感谢。

由于水平有限，本书不足之处在所难免，望国内外同仁不吝指正！

虞志英（华东师范大学终身教授）

李身铎（华东师范大学教授）

张志林（长江水利委员会长江口水文水资源局教授级高级工程师）

2012 年 12 月

目录

前　言

第 1 章　崎岖列岛海域自然环境特征　1

1.1　崎岖列岛及其海域的地形和地质条件　2
1.2　水动力基本特征　3
1.3　泥沙特征　11
1.4　海床沉积物分布　17
1.5　冲淤演变　20

第 2 章　洋山港区海域工程前水沙运动和冲淤概况　22

2.1　港区海域自然地理概况　22
2.2　港区海域潮动力特征　23
2.3　流况分析　27
2.4　主通道和各汊道潮量　32
2.5　工程前洋山海域悬浮泥沙运动　34
2.6　工程前洋山海域海床冲淤演变　39

第 3 章　洋山港区海域工程后水沙动力和海床冲淤变化　41

3.1　工程海域潮汐和潮位　41

3.2　工程海域潮流和潮量　47
3.3　工程后海域泥沙特征和运动　64
3.4　工程海域海床冲淤变化　91

第 4 章　洋山海域在建港过程中的动力地貌学研究　99

4.1　潮动力过程　99
4.2　欧拉余流场　116
4.3　潮动力和泥沙运动与海床冲淤变化的相关性　118
4.4　洋山工程对港区海域海床冲淤的影响　130

附　录　156

一　洋山海域水文泥沙观测概况　156
二　洋山海域潮位观测　157
三　水文气象观测　159
四　工程施工进展概况　159

主要参考文献　164

第 1 章

崎岖列岛海域自然环境特征

上海国际航运中心洋山港北港区，位于长江口和杭州湾口交汇带，离上海南汇嘴三十余公里的崎岖列岛中的小洋山岛链处。崎岖列岛主要由小洋山（主体）和自西北向东南排列的北岛链、大洋山（主体）和自西向东排列的南岛链组成，其东侧由一列自北向南的嵊泗列岛、川湖列岛、大小衢山岛等群岛构成其屏障（图 1－1）。列岛及其周边海域水下地貌的主体处在长江三角洲前缘的斜坡上，地势基本西浅东深，并受地质边界和水动力条件的影响，形成众多的潮流冲刷槽。

图 1－1　崎岖列岛遥感影像图（2004 年 2 月 26 日）

崎岖列岛海域位处强潮海湾杭州湾北口，潮动力主控着水流运动。源于西北太平洋的源潮波传向西南，经琉球群岛入中国东海后，其中半日分潮波在闽浙外海，除一小部分转向西南进入台湾海域外，大部分按前进波的形式向西北传播，在北上传播途中，部分转向西入杭州湾和长江口。杭州湾口外舟山群岛星罗棋布，迫使潮流分成数股，穿越岛间通道入湾，其中最北一股向西传播中，流经嵊泗列岛和大衢山之间海域后途经崎岖列岛，直冲南汇嘴，至嘴角前又分两路，分别进入杭州湾北部和长江口南槽。该股潮波主控着洋山海域水流运动。此外，潮波运动在苏北外海域形成了日分潮旋转潮波系统，在长江口和杭州湾北口海域呈现特有的旋转潮波运动。崎岖列岛海域同时北临长江口，是河流和海洋的过渡带，在海陆相互作用的界面上受长江径流、潮汐潮流、风生流、近岸流系和底形等因素的作用，特别是在长江径流量丰沛季节，向口外东南方向的冲淡水会明显影响列岛海域。

1.1 崎岖列岛及其海域的地形和地质条件

1.1.1 地形特征

崎岖列岛分别由以大、小洋山为主体的南北二岛链组成，大小岛屿共有69个，总面积约10.72 km^2。北岛链自西北向东南有小乌龟、大乌龟、颗珠山、小洋山、镬盖塘、大岩礁、小岩礁、西门堂、中门堂、沈家湾、薄刀嘴、莆箕和虎啸蛇等岛屿；南岛链自西向东有唐脑山、立人山、双连山、蒲帽山、大小山塘、大小贴饼、大洋山、外后门和西马鞍等岛屿。两岛链间形成自西向东逐渐变窄的海域，平面形态呈大口向杭州湾敞开的侧漏喇叭形。东口小岩礁—大洋山东北公山断面宽约850 km，西口小乌龟—唐脑山断面宽约10 km。列岛海域处在水深8～9 m的杭州湾口北部外，为一广阔的10 m以深的水域，海域除西部局部区段外，大都约14 m以深。在南北岛链间的水深自西向东渐深，平均约由10 m增达40 m，至东口因过水断面急速缩窄，水流集能冲刷而形成深邃的峡道段，一般水深为30～55 m，最深可达87 m。

众岛屿陆地地形起伏，高程一般为100～200 m，大洋山的主峰海拔高度达到204 m。

1.1.2　地质条件

崎岖列岛的岛屿分布，主要受东西向和北西西向的构造层控制，在列岛地区未见较大岩脉和断裂构造。从岩性分析，小洋山岛链和大洋山西北部及其两侧小岛的岩性均由燕山晚期侵入的钾长花岗岩组成。而在大洋山东南部及其东侧诸小岛，基本上由上侏罗统茶湾组的流纹质凝灰岩组成。

根据大小洋山附近的沉积层钻孔，第四纪地层的最大厚度出现在大洋山岛的小梅村，厚度约 35 m，其他地区均不超过 25 m。沉积层的岩性属于上更新统，其下段的岩性为棕黄色含碎石的粉砂质黏土，局部有碎石富集成含黏土碎石层，厚度为 6～8 m；上段的岩性以棕黄色和灰黄色粉砂质黏土、粉砂夹含黏土碎石为主，厚度为 3～7 m。以岩性特性分析，可以认为该地层是洪积和坡洪积堆积层，反映了崎岖列岛海区在上更新世时期处于陆相的沉积环境。全新世海侵以来，在列岛海区沉积了以灰褐色粉砂质黏土为主的沉积物，厚度为 10～15 m。此后，经潮流冲刷和波浪掀动作用，一些细颗粒物质随潮流携带运移，沉积物呈现粗化现象，特别是在列岛东部海域，成为黏土质粉砂的主要分布区。

1.2　水动力基本特征

1.2.1　潮汐

1. 潮汐性质

根据崎岖列岛海域众多验潮站水位资料的调和分析结果，潮性判据 $(H_{K_1}+H_{O_1})/H_{M_2}$ 在 0.34～0.42，半日潮明显，但有日潮不等现象；判据 H_{M_4}/H_{M_2} 为 0.03～0.09，浅水分潮比较显著，落潮历时长于涨潮历时。按照海港水文泥沙调查规范约定，该海域属于非正规半日浅海潮类型。全海域西部比东部、北部比南部半日潮性质更强，越近海岸浅水分潮相对越大（表 1－1）。

表 1－1　崎岖列岛海域测站潮性判据

测　站	滩浒山	芦潮港	唐脑山	大戢山	大洋山	小衢山	马迹山	嵊　山
$(H_{K_1}+H_{O_1})/H_{M_2}$	0.37	0.34	0.42	0.35	0.35	0.41	0.39	0.38
H_{M_4}/H_{M_2}	0.09	0.08	0.05	0.04	0.07	0.04	0.04	0.03

2. 潮汐特征值

列岛海域平均潮差 2.5～3.5 m，最大潮差 5.0～6.0 m，潮差自东向西递增。按 1985 国家高程基准测得东部岛屿最高和最低潮位分别为 3.2 m 和−2.5 m，西部芦潮港分别为 4.07 m 和−2.86 m，海域自东向西最高潮位渐增，最低潮位渐减。平均落潮历时比涨潮历时长约 0.8～1.5 h。上述潮汐特征值均表明，本海域地形自东向西渐浅，潮波浅水变形特征相应渐增（表 1-2）。

表 1-2　崎岖列岛海域潮汐特征值

测　站	小洋山	大戢山	芦潮港
平均潮差	2.73 m	2.89 m	3.33 m
最大潮差	5.03 m	5.45 m	5.98 m
最高潮位	3.36 m	3.66 m	4.07 m
最低潮位	−2.59 m	−2.65 m	−2.86 m
平均涨潮历时	5:51	5:49	7:00
平均落潮历时	6:34	6:36	5:26
资料年限	1997～2004 年	1978～2002 年	1980～2002 年
高程基面		1985 国家高程基准	

1.2.2 潮流

1. 潮流性质与运动形式

根据该海域 20 余站潮流周日连续观测资料，经准调和分析可知，海域以半日分潮流 M_2 和 S_2 占绝对优势，其次为日潮波 K_1 和 O_1，浅水分潮波 M_4 和 MS_4 相对外海较强。判据 $F=(W_{K_1}+W_{O_1})/W_{M_2}$ 在 0.12～0.37，$G=(W_{M_4}+W_{MS_4})/W_{M_2}$ 为 0.10～0.26，在部分汊道中，浅水分潮流特强。根据海港水文调查规范约定，该海域潮流属于非正规半日浅海潮流类型（表 1-3）。

表 1-3　崎岖列岛海域潮流椭圆要素、潮性判据、余流

测站			B_5	K_{18}	B_2	B_1	N_1	P_5	W_2	SC_1	P_4	B_3	B_4	W*
潮流椭圆要素	M_2	w/(m/s)	1.02	1.04	1.16	1.24	1.28	1.11	1.19	0.92	1.10	1.20	1.10	1.21
		θ/(°)	104	100	112	105	106	102	108	133	107	104	103	119
		k	−0.17	−0.01	−0.10	−0.06	−0.05	−0.02	−0.15	−0.12	−0.04	−0.01	−0.02	−0.05

（续表）

测站			B_5	K_{18}	B_2	B_1	N_1	P_5	W_2	SC_1	P_4	B_3	B_4	W*
潮流椭圆要素	K_1+O_1	w/(m/s)	0.22	0.29	0.14	0.27	0.32	0.25	0.08	0.04	0.21	0.35	0.12	0.28
		θ/(°)	106	292	284	290	271	229	260	295	276	275	247	276
		k	0.05	−0.02	−0.50	0.01	−0.21	0.21	0.43	−0.28	0.21	0.03	−0.31	−0.05
	M_4	w/(m/s)	0.07	0.12	0.09	0.09	0.06	0.14	0.03	0.03	0.05	0.09	0.10	0.09
		θ/(°)	280	325	279	27	173	200	156	199	301	292	291	301
		k	−0.35	−0.50	−0.70	0.57	−0.17	−0.07	0.20	0.38	0.25	−0.14	−0.19	−0.05
潮性判据		F	0.37	0.28	0.12	0.22	0.25	0.23	0.16	0.15	0.18	0.29	0.28	0.23
		G	0.11	0.20	0.13	0.12	0.13	0.23	0.26	0.20	0.15	0.14	0.20	0.14
余流	流速	v_0/(m/s)	0.09	0.13	0.12	0.10	0.16	0.12	0.42	0.18	0.17	0.18	0.16	0.15
	流向	θ_0/(°)	72	345	194	166	91	235	199	196	177	104	13	183
最大可能潮流		v_{max}/(m/s)	2.58	1.86	2.20	2.35	2.39	2.24	2.25	2.23	1.85	2.02	1.88	2.15
		θ/(°)	106	91	112	101	105	100	117	129	111	108	101	118

由表1-3可看出，海域主要半日和全日分潮流主轴方向为100°～130°或290°～310°，潮流主要流向为WNW—ESE，M_2椭圆长轴1.00～1.30 m/s，椭率较小，大部分为0.01～0.10，潮流往复性较强，转流时间较短，椭率大部分时间为负值，表明海域流矢随时间按顺时针方向旋转。

2. 潮流运动

(1) 流动概况：本海域以太阴半日潮波M_2占优，因而约在半周日的时间段内，主要潮波运动的方向，呈现约6 h向西略偏北的涨潮流和约6 h向东略偏南的落潮流，根据实测资料绘成的同潮流矢图（图1-2至图1-7），图示本海域在每个半日潮周期中，按1 h时间间隔的逐时流况。

图1-2为小洋山潮位高平时[$h=H_h+(0\sim1)$]的流矢：全水域处在涨潮流的后时段，潮流主流仍流向杭州湾，仅北部少量流向长江口南槽，同时流近南汇嘴处会分流，部分贴岸进入杭州湾，潮流强度相对

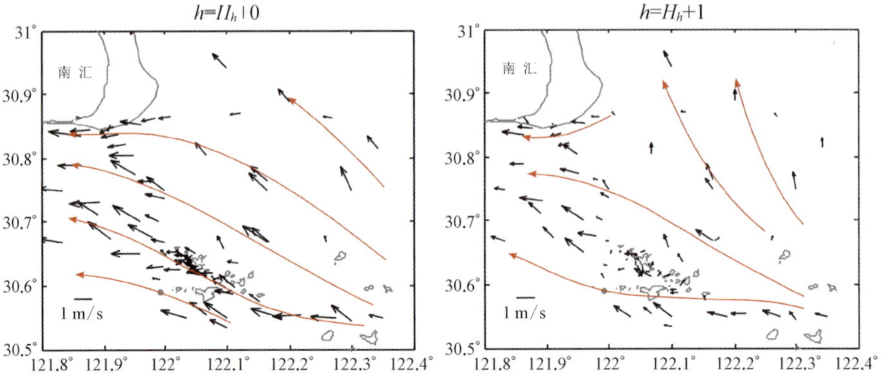

(a) (b)

图 1-2 崎岖列岛附近海域逐时流矢图(大潮、表层)

较弱。

图 1-3 为小洋山潮位高平后 2～3 h[$h = H_h + (2 \sim 3)$]的流矢：潮流由涨转落的涨憩时段。全水域处在弱流状态，流向极为分散，口外潮流主要呈东北方向，南汇嘴附近仍有由长江口贴岸流向杭州湾的弱流。

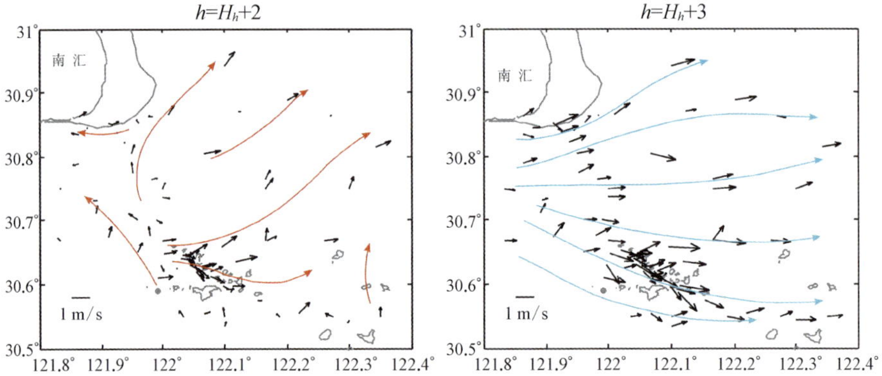

(a) (b)

图 1-3 崎岖列岛附近海域逐时流矢图(大潮、表层)

图 1-4 为小洋山低平前约 1～2 h[$h = H_l - (1 \sim 2)$]的流矢：潮流落急时段，由杭州湾向东流的强潮流主控本海域，长江口南槽下泄的落潮流径直东流，对本海域影响较小。

图 1-5 为小洋山潮位低平后 1 h[$h = H_l + (0 \sim 1)$]流矢：潮流处于落潮流阶段。

图 1-6 为小洋山潮位低平后 2～3 h[$h = H_l + (2 \sim 3)$]的流矢：潮流

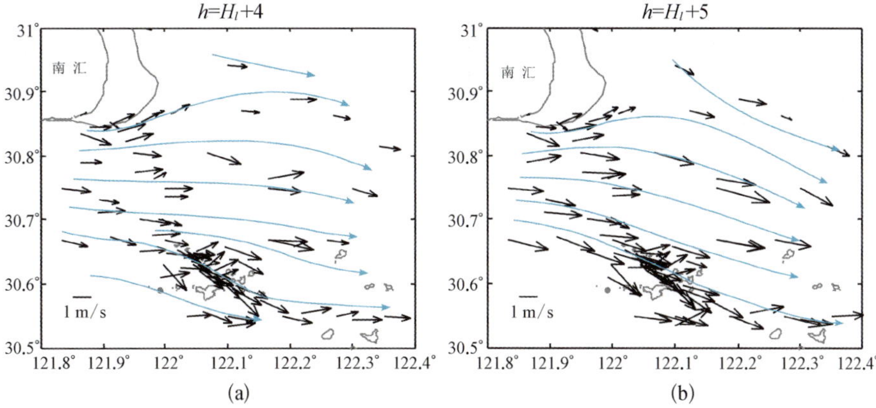

图 1-4　崎岖列岛附近海域逐时流矢图(大潮、表层)

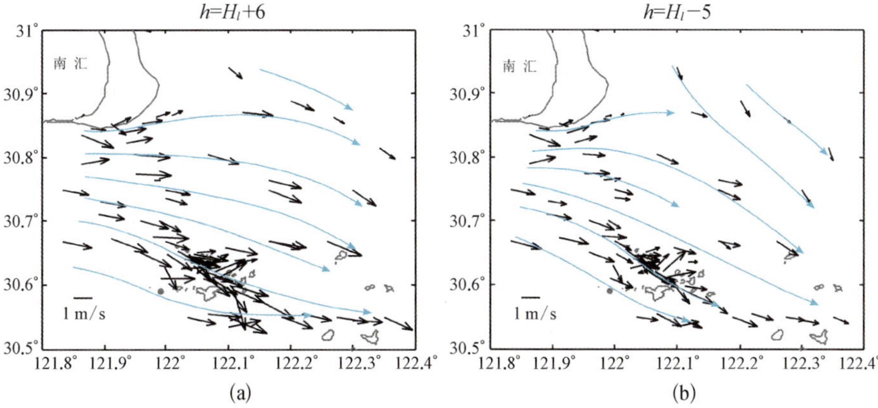

图 1-5　崎岖列岛附近海域逐时流矢图(大潮、表层)

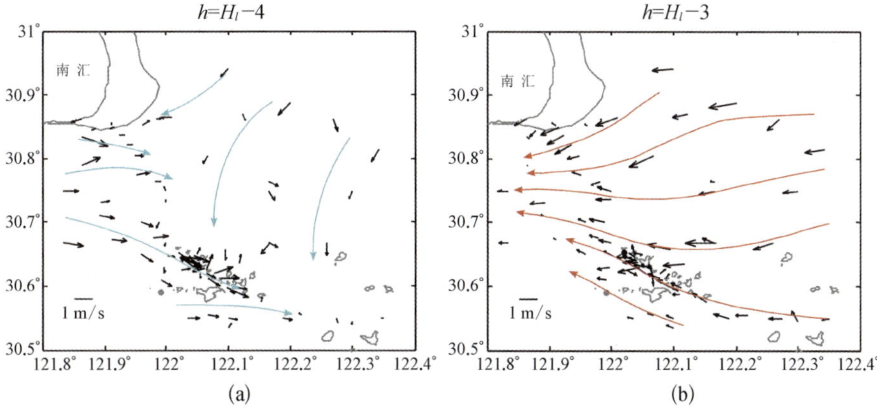

图 1-6　崎岖列岛附近海域逐时流矢图(大潮、表层)

由落转涨的落憩时段。全海域又处在弱流状态，南部仍有以杭州湾流经洋山港区的弱落潮流，北部则有长江水流入，而南汇嘴沿岸又开始出现从长江口流入杭州湾的水流。

图 1-7 为小洋山潮位高平前约 1～2 h[$h = H_h + (1 \sim 2)$] 的流矢：潮流涨急时段，呈现潮流以西向急流汇入杭州湾，仅北侧有潮流进入南槽。

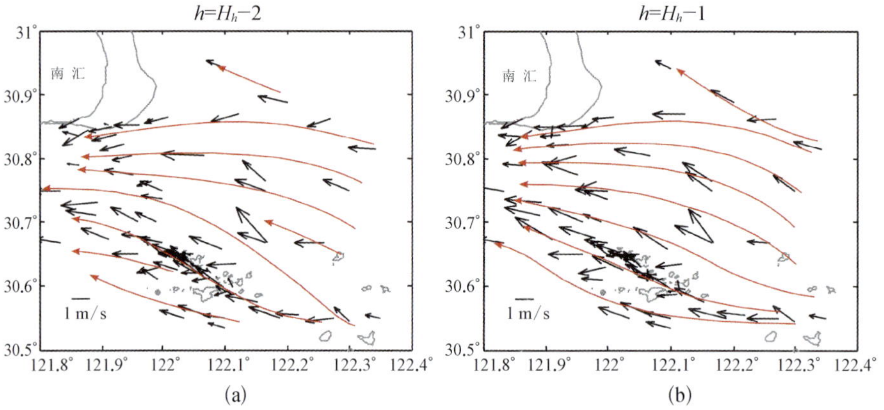

图 1-7　崎岖列岛附近海域逐时流矢图(大潮、表层)

(2) 潮流特征：根据海域约 120 站次的潮流实测资料统计分析，全海域潮流的主要特征如下。

潮段平均流速：落潮平均流速为 0.90～1.20 m/s，最大落均速出现在洋山港区西口西侧，达 1.47 m/s；涨潮平均流速为 0.80～1.20 m/s；最大涨均速为 1.48～1.54 m/s，出现在小洋山岛链东北侧。

潮段最大流速：全海域实测最大涨急流速为 3.87 m/s，在芦潮港南测得，小洋山东北侧水域，涨急流速可达 2.8 m/s；全海域实测最大落急流速为 3.02～3.23 m/s，均出现在小洋山东北侧水域。

落涨潮流速比：绝大部分海域落潮流速大于涨潮流速，平均速比为 1.10～1.20。速比最大达 2.24～2.52，落潮流速远大于涨潮流速，出现在小洋山岛链间汊道中；也有局部地区涨潮流速大于落潮流速，最小速比值为 0.65～0.70，出现在芦潮港南沿岸侧。

落涨潮流历时：大潮期间海域大部分落潮流历时长于涨潮流历时约 0.5～1.0 h，历时比值约 1.10～1.20，在洋山海域落潮流历时相对较长，特别是在汉道中落潮流的右侧水域，由于峡道效应，落潮流历时长于涨潮流历时一倍多，历时比值达 2.85。但在该海域东部邻近舟山群岛或水深较深处，涨潮流历时长于落潮流历时约 0.5～1.0 h，历时比值约 0.80～0.95。落涨潮流历时长短与潮汛有一定关系，往往中潮期间涨潮流历时会增长。

(3) 流场分布特性：全海域表层平均流速为 1.20～1.50 m/s。由于崎岖列岛和嵊泗列岛间为潮波进入本海域的主通道，因而在小洋山岛链东北侧呈现强流区，最大表层平均流速在 1.50 m/s 以上，以该海域为中心，东向外海域深水和西北向南汇浅滩，流速逐渐递减。崎岖列岛和岛群减阻了流速，以其为中心形成弱流区，并向四周流速逐渐增大。值得注意的是，近年来由于南汇边滩不断向海围垦，造成南汇南滩贴岸的高流速区，进而形成从南汇至小洋山中间呈马鞍形的低流速段(图 1-8，图 1-9)。

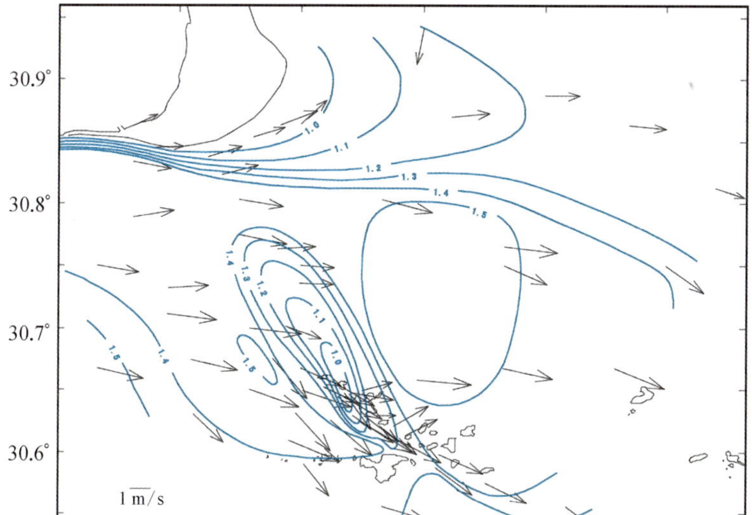

图 1-8　崎岖列岛海域落急流矢及落潮平均流速分布图(大潮、表层)

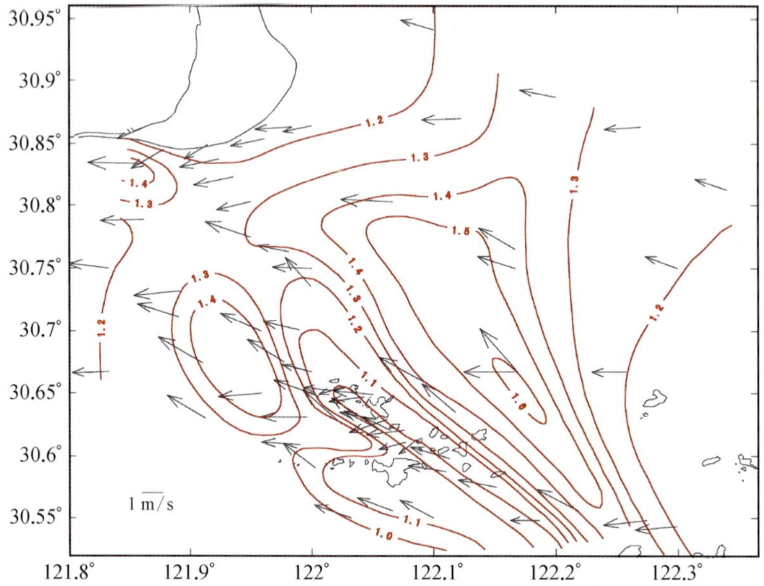

图 1-9 崎岖列岛海域涨急流矢及涨潮平均流速分布图(大潮、表层)

1.2.3 余流

在近海流场的研究中,余流指水流中扣除理论上对称性流动的潮流后余下的流动,通常包括径流和各种类型的海流。该海域余流方向大致为90°～180°,流速约为0.10～0.20 m/s。余流主要成分为长江外泄的径流,在外海可能也有向南流动的苏北沿岸流成分。

1.2.4 波浪

该海域以小洋山北岸的杨梅嘴、大戢山和滩浒站波浪长期和短期同步资料分析为依据。

(1) 波型:杨梅嘴风浪(F)和以风浪为主(F/v)的波浪出现频率为94.0%;以涌为主(v/F)的波型出现频率为5.5%;涌浪(v)和混合浪(Fv)波型极少出现,年频率不足0.1%。大戢山风浪(F)和以风浪为主(F/v)的波浪出现频率为82.1%;以涌浪为主(v/F)的波型出现频率为16%。滩浒风浪(F)和风浪为主(F/v)的波浪出现频率为98.0%,以涌浪为主(v/F)波型出现的频率为0.9。由上可见,崎岖列岛海域的波浪特别近杭州湾以波浪为主,在大戢山附近以涌浪为主的波型略多些。

（2）波向：根据1999年8月～2000年7月的实测资料统计，杨梅嘴的年常浪向为N向、NNE向、NNW向，频率为8.6%～9.2%；大戢山的年常浪向为N向、NNE向，频率为15.6%～17.0%，SE向和SSE向的频率为6.6%～6.9%；波向以N向和SE向为主；滩浒的年常浪向比较分散，以N向、NNE向、NE向、S向、NW向、NNW向的频率为5.0%～9.3%。

（3）波高：据1997年8月～2000年7月的全年资料统计，杨梅嘴年平均波高为0.4 m，月平均波高9月最大，为0.6 m，7月最小，为0.2 m，年最大波高为4.1 m（9711号台风所造成的风浪）；月最大波高中8月最大，为4.1 m，5月最小，为1.5 m，其他各月大多在2.0 m以上。大戢山年平均波高为0.7 m，月平均波高中10月最大，为1.0 m，5～7月最小，为0.5 m；最大波高8月最大，为5.0 m，最小5月，为1.7 m，各月大部分为2.5～3.0 m。滩浒年平均波高为0.4 m，最大值为3.2 m；月平均波高大多为0.3～0.4 m，最大为8月3.2 m，最小为5月1.4 m（表1-4）。

表1-4　崎岖列岛各测站月平均、最大波高　　（单位：m）

月份		1	2	3	4	5	6	7	8	9	10	11	12	平均	资料
杨梅嘴	平均	0.4	0.5	0.4	0.3	0.2	0.3	0.2	0.3	0.6	0.4	0.5	0.5	0.4	1997年8月～2000年7月
	最大	2.4	2.0	2.8	1.8	1.5	2.1	1.7	4.1	3.0	2.4	3.2	2.0	4.1	
大戢山	平均	0.8	0.7	0.8	0.6	0.5	0.5	0.5	0.6	0.8	0.5	0.7	1.0	0.7	1997年8月～2000年7月
	最大	2.6	2.6	2.5	2.4	1.7	2.0	2.5	5.0	2.9	2.4	2.9	2.6	5.0	
滩浒	平均	0.4	0.3	0.4	0.3	0.4	0.3	0.4	0.4	0.5	0.4	0.4	0.5	0.4	1998年8月～1999年7月
	最大	1.7	2.6	2.1	1.8	1.4	1.8	1.7	3.2	1.9	1.8	1.8	2.0	3.2	

1.3　泥沙特征

崎岖列岛海域属于长江口入海径流所携泥沙扩散和杭州湾潮流所挟持泥沙往复性进出的范围，前者是直接沙源，后者是间接沙源，共同来源于长江口。水体中悬浮泥沙粒径级以单峰为主，粒径分布变化较小，平均值为0.016～0.031 mm。

1.3.1　悬浮泥沙组成

（1）可燃组分和非可燃组分：以碎屑矿物、黏土矿物为主的不可燃组分在该列岛海域为92%，占绝大部分；以生物体及其碎片等有机颗粒为主的可燃组分占8%，一般上层高，底层低。

（2）碎屑矿物和黏土矿物：以石英、长石和碳酸盐矿物为主；石英颗粒以次棱角状为主；长石颗粒以中等磨圆为主，其中以斜长石占的比例较大，钾长石和钠长石较少；碳酸盐为方解石颗粒，以次源为主；黏土矿物主要为伊利石，占72.6%，绿泥石占14.8%，高岭土和蒙脱石含量较低，各占7.5%和5.1%。

（3）粒级分布：该列岛海域悬浮泥沙颗粒粒径多小于0.1 mm，据采样统计颗粒小于0.038 mm的悬浮垂线平均含量0.889 kg/m^3，百分含量为94%；粒级大于0.038 mm的悬浮垂线平均含量0.055 kg/m^3，百分含量为6%。粗组分含量由底层向表层及自西向东递减。海域悬浮泥沙的分散粒级以单峰为主，主峰出现于0.004～0.006 mm，特别是在各季大潮条件下的粒级分布，主峰集中，分选性好，一般表层偏细。

1.3.2 悬浮泥沙分布

（1）悬浮泥沙平面分布：据1982年上海市海岸带资源综合调查成果，长江口及杭州湾口外海域平均悬沙密度平面分布大致以10 m等深线为界：10 m等深线以东，冬（枯）季平均含沙量在0.5 kg/m^{3}以下，夏（洪）季为0.2～0.3 kg/m^3（图1-10），向西至5～10 m等深线的河口口门区，含沙量为0.5～1.0 kg/m^3，进入长江口门内，含沙量增大至1.0～1.5 kg/m^{3}以上。

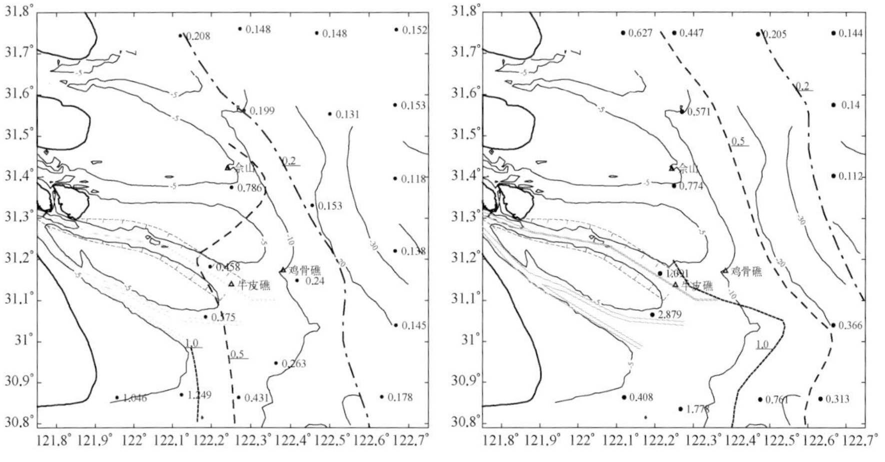

(a) 洪季(单位：kg/m^3)　　(b) 枯季(单位：kg/m^3)

图1-10　1982年大潮平均含沙量分布

杭州湾湾口处悬沙浓度明显高于长江口，湾口北近南汇嘴水域为一高含沙量分布区，平均含沙量 1.0～2.6 kg/m³，冬季大潮高达3.0 kg/m³以上，夏季达 2.5 kg/m³。

另据 1999 年 2 月崎岖列岛海域同步观测资料分析（图 1.11）近大小洋山等泥沙线呈西北—东南走向，与岛链走向一致，大小洋山以北等泥沙线呈南北走向，含沙量从东和东北向西和西南方向，从1.0 kg/m³迅速增至3.2 kg/m³（洋山海域西口），形成该海域的高含沙量区，同时因近芦潮港也存一悬沙高浓度区，因而造成芦潮港—小洋山间有一低含沙量区（图 1－12）。

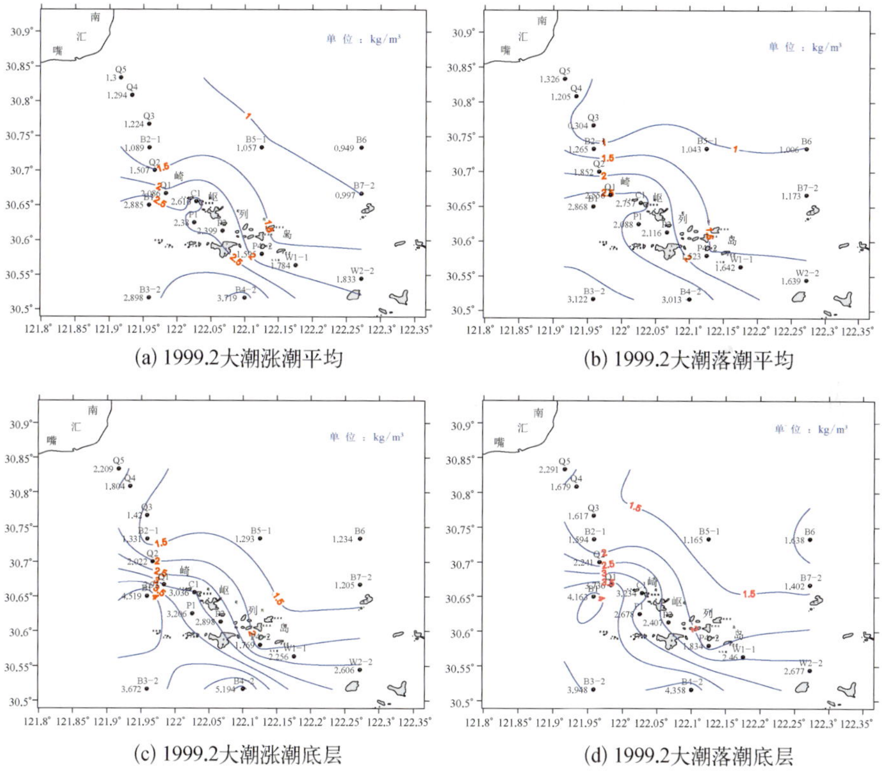

(a) 1999.2大潮涨潮平均　(b) 1999.2大潮落潮平均

(c) 1999.2大潮涨潮底层　(d) 1999.2大潮落潮底层

图 1－11　崎岖列岛海域含沙量等值线图

（2）悬浮泥沙垂向分布：本海域多次大面积同步观测资料均显示含沙量普遍具有表层低、底层高的特征，除崎岖列岛西南侧及洋山海区主通道水域大潮期间表层含沙量为 1.0～2.0 kg/m³ 外，大部分表层含沙量在1.0 kg/m³以下，其随深度递增，特别近底含沙量成倍增加，普遍可达 3.0～

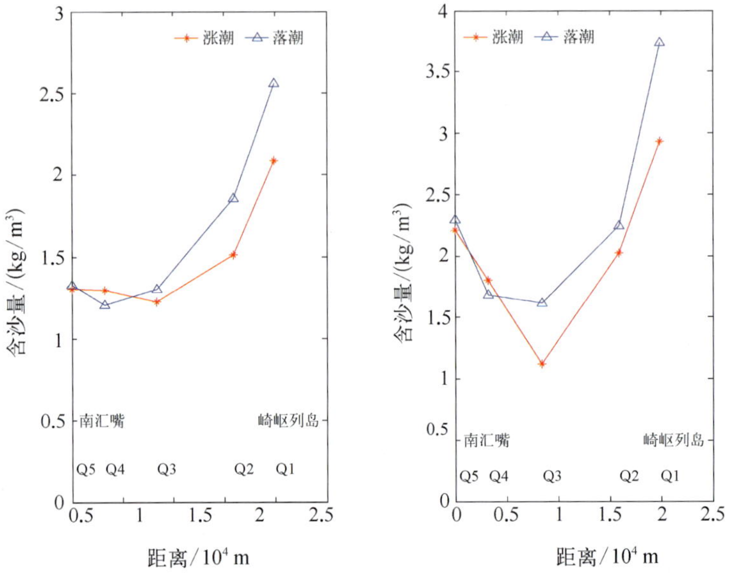

1999年2月 Q断面大潮平均含沙量分布曲线　　1999年2月 Q断面大潮底层含沙量分布曲线

(a)

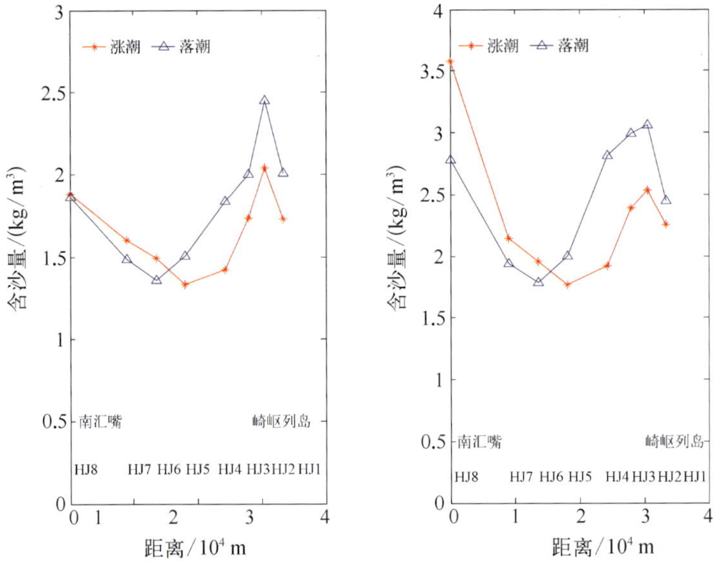

2005年3月HJ断面大潮平均含沙量分布曲线　　2005年3月HJ断面大潮底层含沙量分布曲线

(b)

图 1-12　南汇嘴—崎岖列岛含沙量沿程变化

5.0 kg/m³，有时可达 6.0～10.0 kg/m³。在崎岖列岛北侧含沙量垂向分布较均匀，变化梯度小，上下层差别在 1.0 kg/m³ 以内；在近岸河口海域，因受长江冲淡水影响，有时还会出现中层含沙量低于表层的逆向分布。列岛西南侧及洋山主通道内，含沙量垂向变化梯度较大，大潮表、底层差为 3.0～5.0 kg/m³，落潮时最大差在 10.0 kg/m³ 以上(图 1-13)。

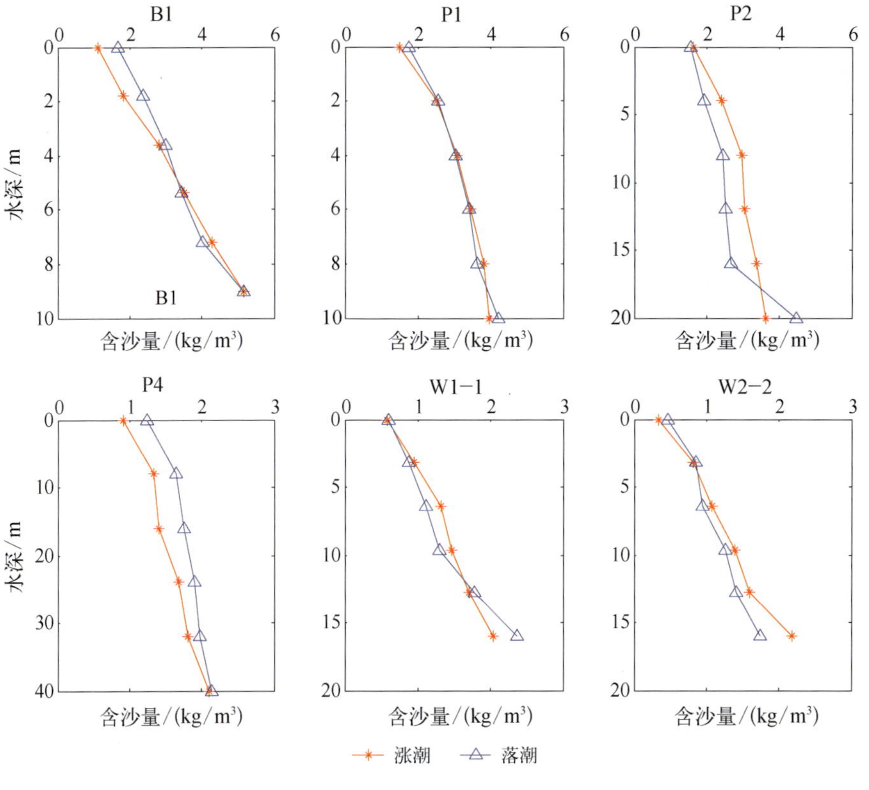

图 1-13 崎岖列岛(洋山海区)大通道东西纵断面含沙量垂向变化

1.3.3 悬浮泥沙时间序列变化

该海域与其他各类潮汐河口一样，悬浮泥沙对水体潮周期波动产生显著的响应以及随水体洪枯期发生变化。随潮周期影响主要表现在两个方面：一是随着流速周期性波动产生的泥沙悬扬优势阶段和沉降优势阶段交替。在近岸或河口海域，中潮位时流速涨、落急前后，出现底沙悬扬的含沙量峰值，而潮位高、低平时，潮流涨、落憩前后，出现悬沙沉降，含沙量最低。该海域大、小洋山南北海区悬沙浓度按此规律周期变化。但在近南汇嘴芦潮港水域，在低平潮即落憩前后出现高含沙量，而在高平潮即涨憩出现低含沙量，在港区西口高潮位憩流时出现高含沙量，中潮位落急前后也出现高含沙量的异常现象；表现在另一方面是悬浮泥沙的分布具有明显的大小潮周期变化的特征。据 1996 年洋山工程首次海洋水文调查 15 次泥沙连续观测资料统计(表 1-5)，海域平均含沙量大潮为 2.177 kg/m^3，中潮为1.872 kg/m^3，小潮为 0.429 kg/m^3，大潮期间悬沙浓度最大，小潮最小，中潮和小潮分别为大潮的 85%和 22%，中潮期间水体中的悬沙略低于大潮，而小潮的含沙量剧减。其中大洋山岛链南侧，大、中潮含沙量特别接近，B_1、B_3 等测站测得中潮含沙量还略大于大潮期间含沙量。

表 1-5　崎岖列岛海域测站垂线平均含沙量及其大中小潮比值

测　站		LI_1	LI_2	B_1	B_2	B_3	B_4	B_5	P_1
大潮	含沙量/(kg/m^3)	2.360	2.840	2.971	2.399	2.291	2.489	2.526	3.017
中潮	含沙量/(kg/m^3)	1.830	2.292	3.020	1.688	2.463	2.480	1.723	2.835
	比值	0.75	0.81	0.68	0.70	0.64	0.80	0.68	0.87
小潮	含沙量/(kg/m^3)	0.372	0.449	0.532	0.390	0.465	0.456	0.379	0.634
	比值	0.16	0.16	0.18	0.16	0.20	0.18	0.15	0.21
测　站		P_2	P_3	P_4	P_5	W_1	W_2	W_3	站平均
大潮	含沙量/(kg/m^3)	2.638	2.289	1.620	2.012	1.24	1.123	0.838	2.177
中潮	含沙量/(kg/m^3)	1.897	2.208	1.553	1.558	1.281	0.821	0.437	1.872
	比值	0.72	0.62	0.69	0.79	0.82	0.73	0.52	0.86
小潮	含沙量/(kg/m^3)	0.586	0.914	0.760	0.356	0.463	0.260	0.166	0.479
	比值	0.22	0.31	0.35	0.18	0.29	0.23	0.20	0.22

该海域悬浮泥沙浓度还具有明显的年周期变化特征。大戢山和小洋山两个测站表层月平均含沙量的统计值表明(表 1-6)，冬季明显高于夏季，冬半年(11 月至次年 4 月)平均含沙量大戢山为 0.7 kg/m^3，小洋山为 1.265 kg/m^3；而夏半年(5～10 月)平均含沙量分别为 0.333 kg/m^{3}和 0.730 kg/m^3。冬半年比夏半年悬浮浓度高一倍，其中以 3 月最高，7 月最低。该海域这种年变幅随离长江口距离的增加而递减。

表 1-6　大戢山、小洋山表层月平均含沙量　（单位：kg/m^3）

月份		1月	2月	3月	4月	5月	6月	7月	8月	9月	10月	11月	12月
大戢山	最大	1.720	1.712	2.703	1.858	1.885	1.729	1.747	1.595	1.443	1.097	2.225	2.389
	最小	0.175	0.111	0.116	0.151	0.085	0.059	0.028	0.023	0.017	0.051	0.107	0.145
	平均	0.650	0.830	0.836	0.011	0.563	0.444	0.189	0.227	0.265	0.307	0.658	0.759
小洋山	最大	2.426	1.863	3.369	2.369	1.276	1.534	0.602	2.170	2.323	1.707	4.005	2.125
	最小	0.398	0.209	0.278	0.165	0.184	0.293	0.176	0.081	0.302	0.192	0.390	0.248
	平均	1.229	1.156	1.450	1.096	0.800	0.690	0.348	0.721	0.959	0.860	1.225	1.435

1.4　海床沉积物分布

1.4.1　沉积动力环境

洋山港及其附近海域位于长江水下三角洲的南缘，位于长江口与杭州湾的交汇地带，这一区域不仅在长江口入海泥沙的扩散范围之内，而且是进入杭州湾的主要泥沙通道，因此，该区沉积特征深受长江入海泥沙扩散的影响。长江入海泥沙以细颗粒悬沙为主，从而决定了洋山港附近海域的底质以黏土质粉砂为主，间有少量呈斑状分布的粉砂质黏土。

大小洋山所在的崎岖列岛地区岛礁众多，地形复杂，潮强流急，受到风浪对岛礁的侵蚀，产生了部分基岩风化的产物——粗颗粒泥沙，这些较粗的泥沙在水动力的驱动力下，在岛屿近侧形成了以砂、粉砂质和砂质粉砂沉积为主的局部沉积区。

在岛屿间的峡道地带，往往因水流对床底的冲刷而塑造出深槽底形，使得不同层位的沉积物暴露床底，或在射流作用下向外运移至能量衰减处堆积，从而使岛屿的底质更趋复杂。而在岛屿粉颗粒砂质沉积物分布区与周围细颗粒泥质沉积物分布区的交接地带，常因砂质沉积物和泥质沉积物的掺混而形成砂-粉砂-黏土混合沉积物类型。

综上所述，泥沙来源、水动力条件及泥沙搬运形式等的不同，导致了洋山港及其附近海域沉积环境的差异，并形成了周边海域底质较细，岛屿附近底质较粗的沉积物分布格局。

另据^{210}Pb放射性比度测量，洋山港区除水深>20 m 的峡道处于侵蚀状态外，大部分海域近百年的平均沉积速率为 0.3～1.6 cm/a，属于相对稳定至轻度淤积区。

1.4.2 沉积类型

洋山港区及其附近海域沉积类型以黏土质粉砂分布最广，其次是粉砂质黏土、砂-粉砂-黏土和砂、粉砂、砂质粉砂和粉砂质黏土呈斑状散布于区内。不同类型的沉积物具有不同的粒度特征(图 1－14，图 1－15)，兹简述如下。

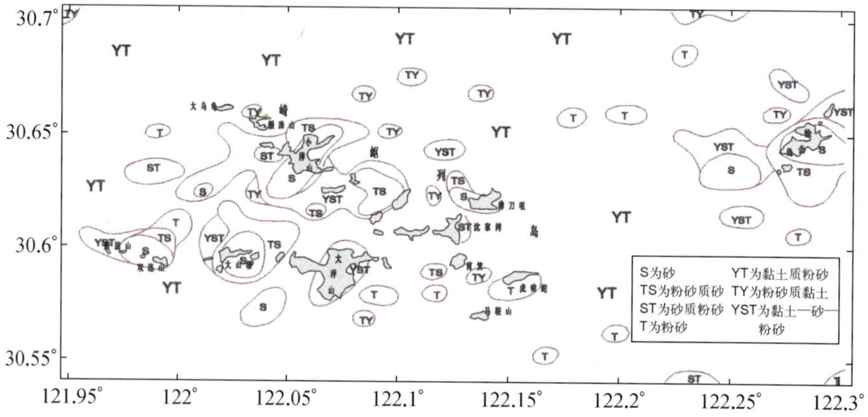

图 1－14　崎岖列岛海域底质沉积类型图
(参考东海海洋工程勘察设计院有关材料)

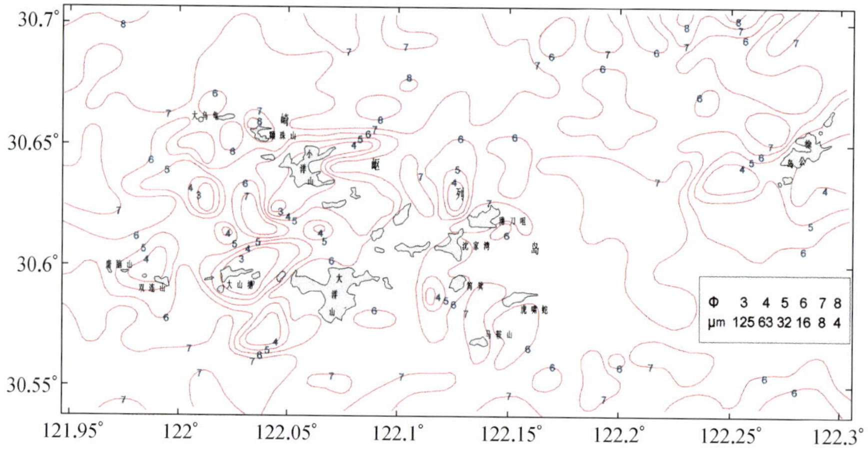

图 1－15　崎岖列岛海域底质中值粒径等值线图
(参考东海海洋工程勘察设计院有关材料)

1. 粉砂质黏土

该类沉积物主要呈斑状分布于崎岖列岛外围海域，在其粒度组成中，砂<1%，粉砂 20%～25%，黏粒一般含量为 50%～60%。中值粒径为 7.20～8.46Φ(0.006 8～0.002 8 mm)，分选程度为差—较差。

2. 黏土质粉砂

该类沉积物分布最广，其粒度组成为砂<5%，粉砂 50%～70%，黏粒含量 20%～50%，中值粒径 5.50～7.90Φ(0.022 1～0.004 2 mm)，分选度很差。

1.4.3 工程前后沉积物变化

根据在一、二期工程区前沿，2002 年 7 月～2004 年 5 月的 4 次采样及分析结果显示了底质有着明显的变化。以表、中、底层平均中值粒径进行对比，2002 年 7 月为 0.019 7 mm，2003 年 1 月为 0.039 0 mm，2003 年 11 月为0.028 7 mm，2004 年 5 月为 0.026 5 mm，即大体呈细—粗—细的变化趋势(表 1－7)。

表 1－7 港区水域不同沉积物类型百分比和平均中值粒径变化

时间/(年.月)	2002.7	2003.1	2003.11	2004.5
黏土质粉砂	59.6	34.3	44.9	48.8
砂质粉砂	10.5	28.8	30.4	17.8
粉砂质砂	—	14.4	7.2	3.3
粉砂	29.8	13.3	17.3	23.3
砂	—	6.6	—	3.3
其他	—	2.5	—	2.2
平均中值粒径/mm	0.019 7	0.039 0	0.028 7	0.026 5

其中在 2002 年 7 月以黏土质粉砂和粉砂类型为主，含量分别为 59.6% 和 29.8%，2003 年 1 月，黏土质粉砂和粉砂的百分比显著下降，分别为 34.3%和 13.3%，出现粉砂质砂和砂类型沉积，分别占 14.4%和 6.6%，反映 2003 年 1 月该水域的沉积物明显粗化 。2003 年 11 月，代表以细颗粒为主的黏土质粉砂增加到 44.9%，粉砂增至 17.3%，而指示以粗颗粒为主的粉砂质降至 7.2%，砂质又恢复到零，显示该水域 2003 年 11 月沉积物又变细。2004 年 5 月相对于 2003 年 11 月的沉积物仅有局部变化，大体上仍显示了细颗粒泥沙略有增多的趋势。

造成上述年际变化的原因，从大范围的泥沙来源或水动力条件上讲，一般不可能在短期内造成如此明显的变化，而只能从局部性短期的外界变化条件来考虑，尤其是 2003 年的大规模吹填造陆，大量沙土被吹入施工区内，造成近千万方的土砂流失于工程区前沿，不仅造成淤积，更使含沙较高的流失土改变了原来的沉积环境。

随着洋山港的建设，岛屿间的峡道封堵，港区内水域的水沙运动将进行调整，而趋于相对稳定状态。总体上仍将维持在一个以细颗粒泥沙为主的较为稳定的港区沉积环境中。

1.5 冲淤演变

崎岖列岛内外海域处于强潮流和高含沙环境，泥沙运动强烈，床沙与悬沙交换频繁，在小洋山筑港工程前，海床处于自然冲淤状态。将近百年(1887～1997 年)若干时期的海图进行比较，发现列岛海域冲淤交替而以微淤为主要趋势，总体冲淤变幅不大，其中前 50 年年均淤积率为 3.6 cm/a，后 50 年较小，为 1.0 cm/a。但近百年中，不同区域的冲淤变化略有不同，其中东部海域 20 世纪 60～70 年代发生强烈冲刷，年冲刷率高达 8.2 cm/a。长期以来，海床冲淤与海域动力场分布和泥沙来源之间存在着明显的依存关系，从南汇嘴至崎岖列岛间海域，海图地形资料所作不同年代(1960 年、1989 年、1997 年和 2004 年)间的冲淤图显示：1960～1989 年的 30 年，海域以淤积为主，在统计所及范围内，淤积面积占 60%以上，最大累计淤积厚度可达 1.0 m 左右，年均约 3.3 cm[图 1-16(a)]；1989～1997 年 8 年的海图地形对比发现，海床以冲刷为主，8 年间最大累计冲刷 0.15 m，年均约 1.8 cm[图 1-16(b)]；1997～2004 年仍维持以冲刷为主的环境，其中崎岖列岛南、北岛链内及西口门外海域冲刷较为明显，7 年间累计冲刷达 0.15 m 左右，年均 1.4 cm[图 1-16(c)]。由于崎岖列岛位于距长江口三十余千米以外的海域，深受长江口向外海下泄泥沙扩散的影响，因此，长江入海泥沙的多寡将对崎岖列岛海域的冲淤造成影响。在 20 世纪 90 年代前后所出现的海床由淤积转向冲刷的过渡阶段，长江下泄入海泥沙来源的变化具有较为明显的相关关系。1969～1989 年 20 年，长江口大通站下泄径流量平均达 8800 亿 m^3，年输量平均达 4.56 亿 t，平均含沙量达 0.5 kg/m^3 以上，在长江下泄泥沙相对丰富的情况下，在扩散区域内的崎岖列岛海域，含沙量相对较高。据 1982 年海岸带综合调查时所得的资料，该海区含沙量可达 1～2 kg/m^3 左右，丰富的泥沙来源，在该海区扩散淤积，与此相对应的是1980～1989 年该海区海床的普遍淤积。而 1990 年以后大通下泄流量基本不变，但输沙量却因长江中上游水库的建设，呈不断下降的趋势，1989～1997 年，大通站下泄流量年均为 9 200 亿 m^3，而输沙量却已经为年均 3.4 亿 t，减少

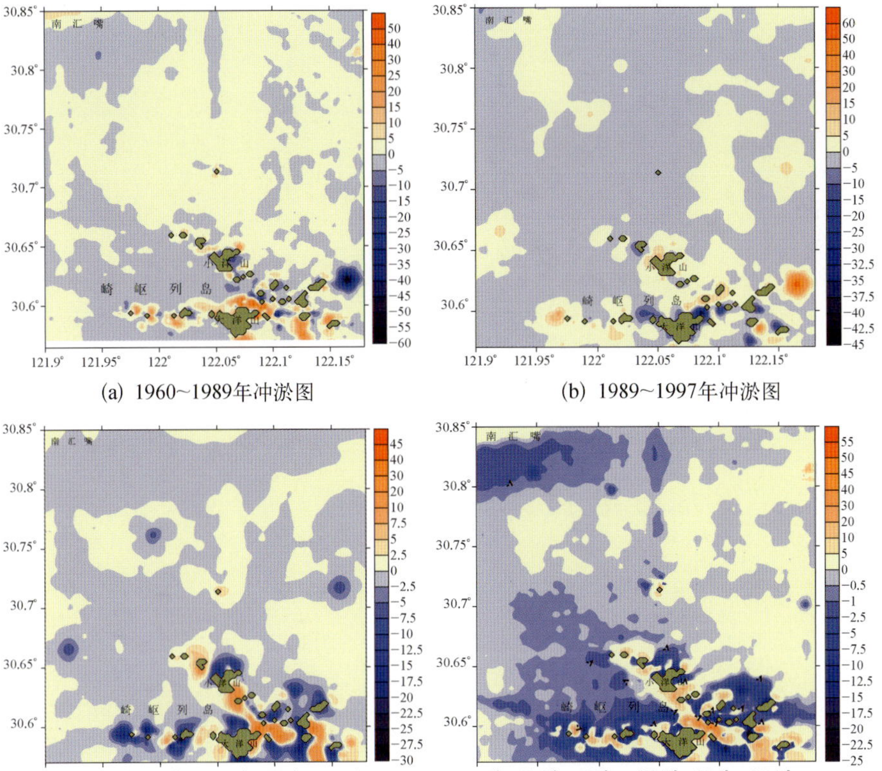

(a) 1960~1989年冲淤图　(b) 1989~1997年冲淤图

(c) 1997~2004年冲淤图　(d) 1960~2004年冲淤图

图 1-16　崎岖列岛周围海域冲淤图

了近 1/3，含沙量也降为 0.35 kg/m³。1997～2003 年下泄沙量年均又减少为 3.02 亿 t，2004 年后又继续减为 1～2 亿 t，含沙量降为 0.23 kg/m³以下。此外对长江口大规模浅滩实施促淤圈围工程，拦截了大量长江口下泄入海过境泥沙量，使入海泥沙扩散量进一步减少，影响崎岖列岛内外泥沙来源，降低了海域水体的含沙浓度，近年来在崎岖列岛邻近海域观测常年含沙量普遍降低至 1.0 kg/m³以下，崎岖列岛内海域 1998～2007 年 10 年的逐日连续观测结果统计显示，年平均含量为 0.86 kg/m³，其中冬半年波浪频繁季节(10 月～3 月)为 1.08 kg/m³，夏半年(4 月～9 月)年均含沙量仅为0.63 kg/m³。与此相对应的海床冲淤在泥沙来源减少的情况下，而潮动力和风浪作用依然强势，泥沙沉降亦减小，相对加大了对于海床表层泥沙的冲刷作用，造成海床大部分区域呈持续轻度冲刷状态[图 2-16(d)]。当前，长江口入海泥沙仍处于减少的形势，宏观上预估该海域海床自然微冲状态将会持续。

第 2 章

洋山港区海域工程前水沙运动和冲淤概况

2.1 港区海域自然地理概况

洋山港区由南北两岛链合围而成，所围水域西宽东狭，比例约为10：1，东狭口面迎潮波传播来向，潮波入港区后流经主通道，水流逐渐向西扩展，主要经宽阔西口门传入杭州湾。北侧小洋山岛链诸岛间主要有 4 个汊道，自西向东分别为大小乌龟山—颗珠山、颗珠山—小洋山、小洋山—镬盖塘岛和镬盖塘岛—小岩礁；南侧大洋山岛链自西向东可视为有 2 个汊道，分别为双连山—大山塘岛、大山塘岛—大洋山。

港区海域面积约为 50 km^2，平均水深约为 20.5 m，水域西宽水浅，东狭水深，西口小乌龟—唐脑山横断面（8.05 km），1960 年所测平均水深为 8.05 m，1984～1989 年为 8.88 m；颗珠山—双连山横断面（7.35 km）平均水深分别为 8.76 m 和 9.24 m；小洋山西—大山塘横断面（4.72 km）分别为 11.25 m 和 11.75 m；镬盖塘—大洋山断面（2.80 km）分别为 20.86 m 和 19.7 m。从 20 世纪 60～80 年代除东口附近外，海域海床总体处在冲刷环境之中，水深逐渐加深，其中 10 m 等深线西移约 2 000 m。港区东口有一深槽，水深最大为 87 m。各汊道中往往是在落潮流方向右侧近岸都有深潭，在蒋公柱北侧，镬盖塘和大岩礁西北侧均有最大水深达 40 m 的深潭。类似在涨潮流方向的右侧近岸，水深相对也较深，小洋山和颗珠山东南侧也有水深达 30 m 的深潭（图 2 - 1）。

洋山港海域属北亚热带海洋季风气候，据观音山站观测（1997～2000 年）冬季盛行西北风，常受冷空气和寒潮大风的影响；夏季盛行偏南风，热带

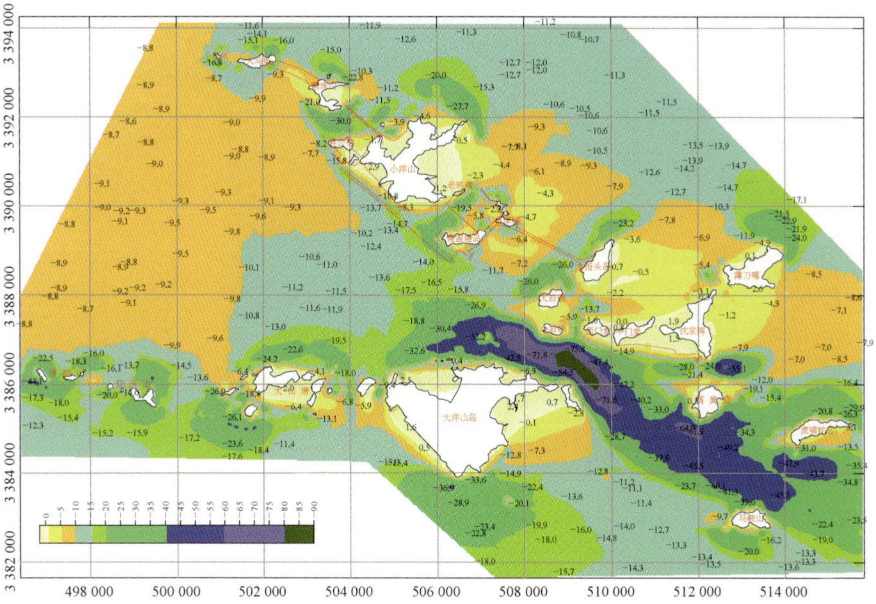

图 2-1　洋山海域形势图(1998 年 11 月)

气候是最重要的大气系统之一，年平均风速为 4.8 m/s，各月平均风速为 4.0～5.0 m/s，其中 1 月最大，10 月最小，年最大风速为 21.5 m/s，发生于 9711 号台风期间。

2.2　港区海域潮动力特征

2.2.1　潮汐性质和特征

据小洋山西南码头附近 1998～2002 年 5 年逐时水位实测资料经调和分析后，算得港区工程前历年潮汐性质指标(表 2-1)。

表 2-1　港区海域工程前潮汐性质指标

振　幅	1998 年	1999 年	2000 年	2001 年	2002 年
H_{M_2}/cm	124.6	125.1	124.1	124.3	125.2
$H_{M_4}+H_{MS_4}$/cm	9.8	9.8	9.7	9.7	10.2
$(H_{O_1}+H_{K_1})/H_{M_2}$ (F)	0.39	0.38	0.38	0.38	0.39
H_{M_4}/H_{M_2} (G)	0.043	0.043	0.043	0.043	0.045

据表 2-1 可知，工程前海域潮性判据 F 历年为 0.38～0.39，判据 G 历年为 0.043～0.045，表明主太阴半日分潮(M_2)占明显优势，浅水分潮 M_4 和

MS_4相对较大，故港区潮汐属于非正规半日浅海潮类型。同时也看出工程前多年来各指标稳定不变，表明工程海区潮动力状况相当稳定。

工程前1998～2002年连续5年小洋山验潮站统计的潮汐特征见表2-2，对工程前该海域有如下认识。

表2-2 工程前小洋山潮汐特征值

特征值	1998年	1999年	2000年	2001年	2002年	平 均
平均海平面/cm	257	255	254	256	258	256
年平均潮差/cm	276	277	273	269	270	273
最大潮差/cm	455	452	503	468	455	467
平均高潮位/cm	390	389	387	386	389	388
平均低潮位/cm	114	112	114	117	119	115
最高高潮位/cm	498	505	543	519	546	522
最低低潮位/cm	1	−14	−17	7	−22	−9
涨潮历时/(h:min)	5:49	5:50	5:51	5:50	5:50	5:50
落潮历时/(h: min)	6:35	6:34	6:34	6:34	6:35	6:34

基面：小洋山理论最低潮面

(1) 年平均潮差：平均为273 cm，各年变动范围为269～277 cm，年变幅为8 cm；各月平均潮差为264～294 cm，月季变幅30 cm。月平均潮差全年呈两高两低变化，3月和9月大，而6～7月和12月小，有明显的天文周期性。

(2) 年最大潮差：五年中变化范围为452～503 cm，年际变幅达51 cm，极值503 cm出现在0012号台风过境之际。月平均最大潮差冬季月份和8月较大，与气象状况相符。

(3) 平均海平面：5年平均海平面为256 cm，变化范围为254～258 cm，年际变幅4 cm。各年月平均海平面变化呈一峰一谷型。季节变化相当明显，7～10月最高，12月至翌年4月最低，其中9月最高为283 cm，2月最低为236 cm，月际变幅47 cm。

(4) 最高高潮位：工程前5年内洋山港区年最高潮位变化范围为498～546 cm，1997年9711号台风时出现的最高潮位极值达573 cm。夏季月最高潮位大都在500 cm以上，多发生在台风季节。

(5) 最低低潮位：最低潮位极值为−22 cm，各年11月至翌年4月的最低潮位多有可能低于小洋山理论最低潮位。

(6) 平均高潮位：工程前5年内平均高潮位为386～390 cm，年际变幅为4 cm；历年各月平均高潮位在367～420 cm，9月最高，1～2月最低。

(7) 平均低潮位：平均为 112～119 cm(基面同上)，年际变幅为 7 cm，历年月平均低潮位在 83～145 cm。7 月和 9 月高，2～3 月最低。

(8) 涨落潮历时：涨落潮历时 5 年，平均历时分别为 5:50 和 6:34，落潮历时比涨潮历时长约 50 min，历年各月平均涨、落潮历时变幅在 10 min 以内。

2.2.2 潮流性质和运动形式

根据测流资料的准调和分析和潮流椭圆要素计算后，得本区潮流类型指标(表 2-3) $F\{(W_{O_1}+W_{K_1})/W_{M_2}\}$ 为 0.25 左右，其中一期码头工程前水域的 M_{10} 测站最小为 0.13，而小洋山岛链汊道中的测站 T_4 最大，达 0.46(表 2-3)，按我国规范的约定小于 0.50 的属于半日潮流性质；另一类型指标 $G\{(W_{M_4}+W_{MS_4})/W_{M_2}\}$ 约在 0.15～0.30，岛链间汊道由于地形效应产生较大的浅水分潮流，G 值较大，近 0.30。根据港口水文调查规范规定，本区属于非正规半日浅海潮流类型，潮流主要以半日潮周期流动为主，日分潮流和 1/4 日分潮流也有部分影响，使港区内潮流运动呈现出一定的不规则性(表 2-3)。

表 2-3 港区海域潮流类型指标

测　站		P_1	P_2	P_3	T_1	T_4	M_4	M_6
指标	F	0.26	0.23	0.22	0.36	0.46	0.23	0.17
	G	0.15	0.19	0.17	0.26	0.26	0.28	0.15
测　站		M_9	M_{10}	X_1	SC_1	W_1	W_2	W_3
指标	F	0.23	0.13	0.33	0.16	0.27	0.17	0.27
	G	0.19	0.23	0.22	0.21	0.15	0.20	0.16

该区的潮波主要由 M_2、S_2、K_1 和 O_1 等分潮波叠加形成。其中主太阴半日分潮波约占总潮波的 60%左右，主太阳半日分潮 S_2 次之。分析 M_2 分潮波的潮流椭圆要素，便可以了解潮流运动的基本运动。据准调和分析后算得本区 15 个测站的 M_2 分潮流椭圆长轴垂线平均值即最大流速为 0.90～1.0 m/s；最大流方向一般与地形走向一致，在小洋山一、二期码头前约 120°，其他大部分水域为 102°～110°，这也是港区潮流的主轴方向。全 M_2 分潮流椭率大都小于 0.10，并带有负号，表明潮流往复性极强，且流矢随时间

成顺时针方向旋转。但在一些汊道中，因地形原因，椭率为正值，流矢旋转按逆时针方向旋转，这也表明岛链附近水域流场的复杂性(表 2-4)。

表 2-4　港区海域 M_2 分潮流椭圆要素

测　站	P_1	P_2	P_3	M_3	M_4	M_6	M_9
长轴(W)/(m/s)	1.14	0.95	0.77	0.99	0.98	1.15	1.12
短轴(w)/(m/s)	0.09	0.04	0.06	0.02	0.07	0.03	0.02
长轴向(θ)/(°)	109	115	110	122	99	116	121
椭率(k)	−0.08	−0.04	−0.07	0.02	0.07	−0.03	−0.05
测　站	P_4	P_5	X_1	SC_1	W_1	W_2	W_3
长轴(W)	1.06	0.28	0.98	0.98	1.19	1.32	1.10
短轴(w)/(m/s)	0.09	0.02	0.03	0.15	0.11	0.13	1.10
长轴向(θ)/(°)	105	105	98	132	93	116	112
椭率(k)	−0.08	−0.17	0.03	−0.09	−0.11	−0.11	−0.11

2.2.3　欧拉余流

长江每年大约以 9 000 亿 m^3 的巨量径流源源不断地向外海输送，成为该区水域余流的主要组成部分，导致该区余流与径流方向一致，一般向东然后以偏南或偏北方向，以淡水状态并基本落潮流方向向外海流动。据水流中减去潮周期流动的数据统计该区余流(表 2-5)，大多数测站的余流方向均在此范围内，流速约为 0.20 m/s 左右，也有少数测站余流呈西南方向或东北方向，这不排除与季节性的风所形成的风海流有关。

表 2-5　港区海域大潮垂线平均余流

测　站	M_2	M_4	M_5	M_6	M_8	M_{10}	W_1	SC_1
流速/(m/s)	0.23	0.31	0.19	0.13	0.17	0.08	0.20	0.18
流向/(°)	137	129	152	123	144	200	75	187
测　站	W_2	W_3	T_1	T_2	T_4	T_5	T_6	E_1
流速/(m/s)	0.29	0.10	0.34	0.17	0.33	0.38	0.39	0.38
流向/(°)	170	54	110	113	59	55	62	143

由 P_1 测站余流统计(表 2-6)可看出，洋山大通道内冬夏季大潮余流变化不大，小潮期间上层余流方向有较大变化，这可能与风直接引起的水流有关。

表 2-6　大通道 P_1 测站余流统计

季节	夏季(2002.7)				冬季(1999.2)			
潮汛	大潮		小潮		大潮		小潮	
层次	流速/(m/s)	流向/(°)	流速/(m/s)	流向/(°)	流速/(m/s)	流向/(°)	流速/(m/s)	流向/(°)
表层	0.25	135	0.33	89	0.36	155	0.42	150
0.2 层	0.23	117	0.26	93	0.27	162	0.29	157
0.4 层	0.10	133	0.18	117	0.13	173	0.13	164
0.6 层	0.06	143	0.10	103	0.08	177	0.07	148
0.8 层	0.10	170	0.09	131	0.05	207	0.05	146
底层	0.09	185	0.26	130	0.04	276	0.03	127
平均	0.12	138	0.18	107	0.13	168	0.15	150

2.3　流况分析

据工程前(2000～2002 年)港区各测站多次周日连续测流资料计算结果显示,分区按港区主通道、一二期码头前沿和小洋山岛链间各汊道水域分析流况。

2.3.1　主通道海域流场

港区主通道水域西口大潮平均涨潮流速 0.95 m/s,流向 270°～290°(图 2-2),最大涨急速 1.95 m/s;平均落潮流速 1.13 m/s,流向 110°～130°(图 2-3)最大落急流速 2.64 m/s,落涨流速比为 1.19,落潮流速大于涨潮流速。断面平均落潮流历时为 13:10,涨潮历时为 12:00,涨、落潮流历时差约 1 h;向东进入港区,流速有所增大,至 P_1 站涨、落流速分别增至 1.02 m/s 和 1.13 m/s,落涨流速比为 1.11,涨、落潮流历时分别为 12:47 和 12:15(图 2-4),涨潮流相对有所增强;再向东至东窄口,因地形束窄效应,主通道口北流速明显增加,平均涨、落潮流速为 1.17 m/s 和 1.40 m/s,涨、落急流速分别为 2.41 m/s 和 2.65 m/s,落、涨流速比为 1.20;口南流速较小,涨、落均速分别为 0.48 m/s 和 0.64 m/s。在主通道水域横向上,无论是涨、落潮流,通道水域中央流速比近岛两侧大,中央涨均流速＞1.00 m/s,落均流速＞

0.95 m/s，中央落、涨流速比值约 0.97（图 2-5）。涨潮流速由中央向两岸递减较快，靠近两岸落潮流速明显大于涨潮流速。涨、落潮流历时的变化也有类似的分布规律。

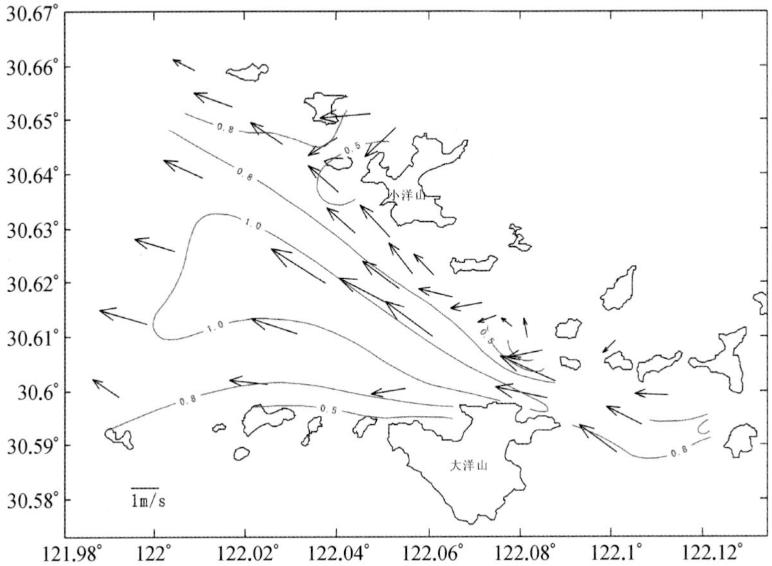

图 2-2　洋山海域涨急流矢及涨潮垂向平均流速分布图

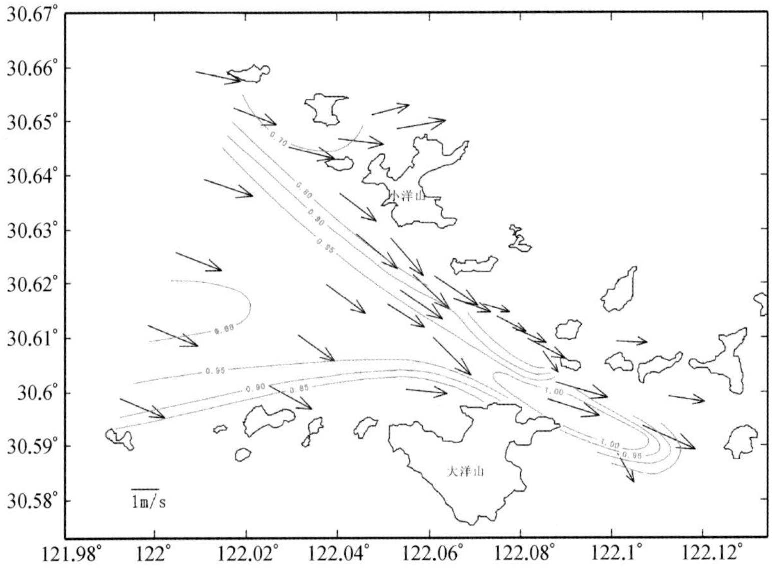

图 2-3　洋山海域落急流矢及落潮垂向平均流速分布图

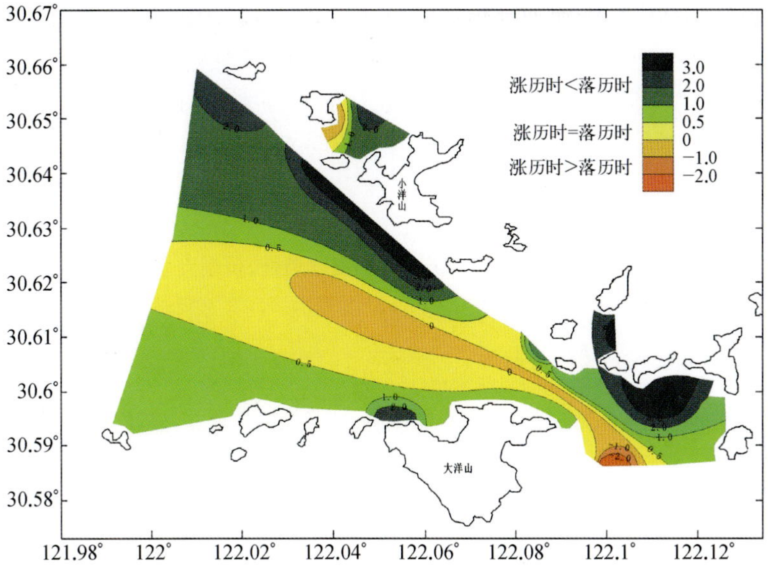

图 2-4　洋山海域涨落潮流历时差分布图

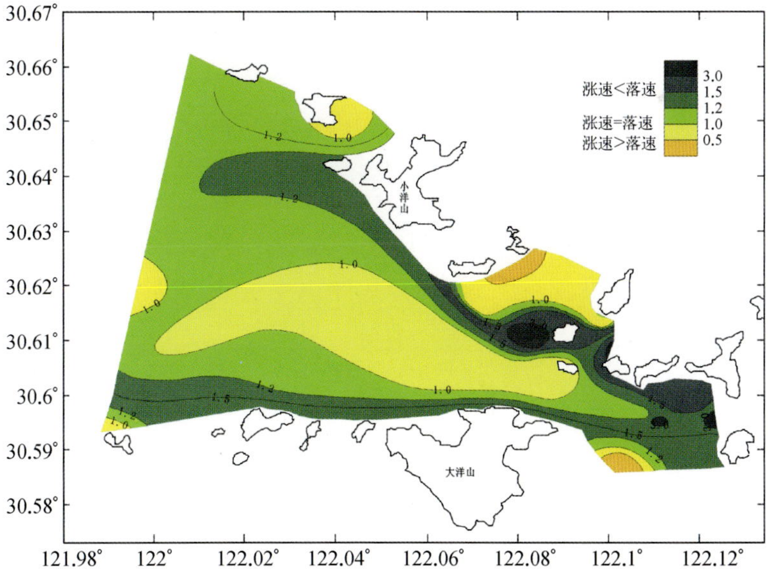

图 2-5　洋山海域涨落潮流平均流速比值分布图

2.3.2　一、二期码头前沿海域流场

一、二期码头前沿大潮平均涨潮流速为 0.71 m/s，流向 290°～310°，最大涨急流速为 1.87 m/s；平均落潮流速为 1.01 m/s，流向 120°～130°，落涨

流速比为 1.42，最大落急流速 2.36 m/s，落潮流历时比涨潮流历时长约 2～5 h，落潮流占绝对优势。向外至一、二期港池区平均涨潮流速 0.92 m/s，流向 300°～305°；落潮流速 1.09 m/s，流向 125°左右，落涨流速比为 1.18，落潮流历时比涨潮流历时长 1～2 h。从码头前沿向港池方向横线看，流速增大，涨潮流递增更明显（表 2－7）。

表 2－7　洋山港工程前各水域涨、落潮流

位置		站名	测时	潮段平均流速				最大流速				落历时/(h:min)	涨历时/(h:min)
				涨潮流		落潮流		涨潮流		落潮流			
				流速/(m/s)	流向/(°)	流速/(m/s)	流向/(°)	流速/(m/s)	流向/(°)	流速/(m/s)	流向/(°)		
码头前沿	一期码头	M_3	00.01	0.87	298	1.05	126	1.87	282	2.15	127	13:15	11:33
		M_4	00.01	0.72	283	1.07	126	1.50	276	2.22	131	12:51	12:10
		M_5	00.01	0.64	291	0.98	119	1.46	279	2.35	123	13:55	11:24
		$ADCP_1$	02.10	0.65	297	1.20	128	1.29	293	2.36	137	13:16	10:52
	二期码头	M_1	00.01	0.61	316	0.57	124	1.52	319	1.07	128	14:50	10:06
		M_2	00.01	0.78	311	1.00	129	1.83	317	2.10	126	14:48	10:22
		$ADCP_1$	02.10	0.72	303	1.20	133	1.41	327	2.25	131	14:02	10:32
港池区	一期码头	M_8	00.01	0.89	304	1.09	130	1.90	310	2.60	120	13:43	11:42
		M_9	00.01	0.89	304	1.19	124	1.88	298	2.64	122	13:05	12:16
		M_{10}	00.01	0.98	307	0.97	123	1.90	306	2.52	120	12:51	12:00
	二期码头	M_6	00.01	0.93	302	1.08	129	1.70	304	2.40	124	13:40	11:21
		M_7	00.01	0.93	297	1.09	121	1.95	301	2.46	113	13:47	11:25
主通道水域	西口门	W_1	02.06	0.87	291	1.25	105	1.87	287	2.76	137	12:58	12:22
		W_2	02.06	1.13	269	1.10	129	2.40	267	2.60	108	12:42	12:18
		W_3	02.06	0.85	291	1.05	111	2.12	289	2.63	124	13:51	11:19
	港中	P_1	02.07	1.02	302	1.13	124	1.96	319	1.84	126	12:47	12:15
	东口门	E_2	02.06	0.88	292	0.93	120	2.01	279	2.27	112	10:24	14:36
		E_1	02.06	0.73.	287	1.06	114	2.06	287	2.43	131	13:41	10:02
		$ADCP_{16}$	04.03	0.84	274	1.06	122	2.41	269	2.65	120	10:36	13:58
各汊道水域	大乌龟—颗珠山	T_1	02.06	0.40	278	1.08	103	1.03	252	2.33	101	15:16	9:56
	颗珠山—小洋山	T_2	02.06	0.68	267	0.83	98	1.79	262	2.09	89	15:13	10:45
	小洋山—镬盖塘	T_3	02.06	0.87	257	0.56	86	1.99	252	1.01	42	8:41	15:39
		T_4	02.06	0.44	195	0.75	47	1.28	233	1.60	61	16:11	9:02

（续表）

位置		站名	测时	潮段平均流速				最大流速				落历时/(h:min)	涨历时/(h:min)
				涨潮流		落潮流		涨潮流		落潮流			
				流速/(m/s)	流向/(°)	流速/(m/s)	流向/(°)	流速/(m/s)	流向/(°)	流速/(m/s)	流向/(°)		
各汊道水域	镬盖塘—大岩礁	T_5	02.06	0.79	261	1.05	66	1.98	262	2.02	178	16:02	8:56
		T_6	02.06	0.35	240	0.85	68	0.93	241	1.84	—	16:18	8:51
	将军帽—大指头	200 $ADCP_5$	02.12	0.54	272	0.34	61	1.70	—	0.92	—	9:30	16:06
		1 000 $ADCP_5$	02.12	0.50	261	0.45	52	1.59	—	1.20	—	14:12	10:56

2.3.3 小洋山岛链各汊道海域流场

(1) 大乌龟—颗珠山汊道：T_1 垂线大潮落急和落均速为 2.33 m/s 和 1.03 m/s，涨急和涨均速为 1.08 m/s 和 0.40 m/s，落潮流速大于涨潮流速 1 倍以上。落潮流历时比涨潮流历时长约 5 h。该汊道在天然情况下落潮流占绝对优势。平均落潮流方向为东向，强落潮流方向向东偏南，与洋山港落潮流主流方向一致。因而杭州湾北部的落潮流经大乌龟岛西南侧进入港区后立即从该岛东南流出港区，也有部分从颗珠山汊道流出。

(2) 小洋山—镬盖塘汊道：在自然条件下，该汊道为东西走向。近小洋山一侧(T_3 站)平均涨、落流速为 0.87 m/s 和 0.56 m/s，涨、落急流速分别为 1.99 m/s 和 1.01 m/s，涨潮流历时比落潮流历时长约 7 h，涨潮流远强于落潮流，因而近小洋山一侧为涨潮流通道，有较强的涨潮流流经此地进入港区。近镬盖塘一侧(T_4 站)，涨、落均速分别为 0.44 m/s 和 0.75 m/s，涨、落急流速为 1.28 m/s 和 1.60 m/s，1997 年曾在此处测得为 2.61 m/s，落潮流历时比涨潮流历时长约 7 h，情况与北侧恰好相反，落潮流远强于涨潮流，相应在镬盖塘西南端发育有水深达 38 m 的落潮槽。

(3) 镬盖塘—小岩礁汊道：该汊道较长，东北侧与将军帽和大指头岛对应。该汊道流况较复杂，汊道东部断面(200ADCP－5)近将军帽一侧，涨、落均速为 0.54 m/s 和 0.34 m/s，涨、落潮流历时为 16:06 和 9:30，涨潮流远强于落潮流，而近大指头岛一侧(1 000ADCP－5)，涨、落均速为 0.50 m/s 和 0.45 m/s，涨、落潮流历时为 10:56 和 14:12，落潮流略强；汊道西部(T_5、T_6)镬盖塘一侧，涨、落均速为 0.79 m/s 和 1.05 m/s，涨、落潮流历时为8:56

和 16:02，落潮流强于涨潮流，而小岩礁一侧，涨、落均速为 0.35 m/s 和 0.85 m/s，涨、落潮流历时为 8:51 和 16:18，落潮流远强于涨潮流。

(4) 颗珠山—小洋山汊道：汊道中(T_2)涨、落均速为 0.68 m/s 和 0.83 m/s，涨、落急速为 1.79 m/s 和 2.09 m/s，涨、落潮流历时为 10:45 和 15:13，落涨潮流速比为 1.22，落潮流明显强于涨潮流。整个汊道大潮落潮历时远长于涨潮历时约 4～5 h，但流速分布变化较大，汊道断面东侧涨潮流速(1.00 m/s)>落潮流速(0.85 m/s)，汊道西侧落潮流速(1.14 m/s)>涨潮流(0.79 m/s)，汊道北部近颗珠山一侧涨、落潮流均速为 0.82 m/s 和 0.98 m/s，落、涨流速比为 1.20；南部近蒋公柱侧涨、落均速为 0.61 m/s 和 0.90 m/s，落、涨流速比为 1.48，表明汊道流速北大于南，北侧相对涨潮流较强，南侧落潮流远大于涨潮流。

2.4 主通道和各汊道潮量

估算工程前各汊道的潮量，是根据 1999 年和 2002 年汊道中所有定点连续测站的潮流资料推算，由于测站较少，准确程度受到一定影响。现根据两年所测资料分别计算潮量，并列于表 2-8 中，其中东口门无法进行定点观测，潮流资料稀缺，仅以 2004 年 5 月 ADCP-16 断面资料计算所得为参考。计算中测量均以一个半日潮时间段统计，同时为了尽可能减少偶然因素带来的偏差，计算中采用大、中、小潮平均值，按各断面定义涨潮量为负值，落潮量为正值，净潮量为落、涨潮量绝对值之差。据该表统计，除小洋山—镬盖塘汊道为净进潮量，其他各汊道均为出落潮量，其中以镬盖塘—小岩礁汊道净出潮量最多。

表 2-8 工程前各通道断面潮量

通 道	测 站	涨潮量/亿 m^3	落潮量/亿 m^3	净潮量/亿 m^3	落/涨潮量比
蒋公柱—大山塘	D_1、D_2、D_3	−12.77	14.71	1.94	1.15
大乌龟—颗珠山	C_1	−0.50	0.85	0.35	1.70
	T_1	−0.77	0.83	0.06	1.08
颗珠山—小洋山	C_2	−1.63	2.75	1.12	1.69
	T_2	−1.49	1.52	0.03	1.02

（续表）

通　　道	测　　站	涨潮量/亿 m^3	落潮量/亿 m^3	净潮量/亿 m^3	落/涨潮量比
小洋山—镬盖塘	C_3	−1.57	1.24	−0.33	0.79
	T_3、T_4	−1.73	1.61	−0.12	0.93
镬盖塘—小岩礁	C_4、C_5、C_6	−1.26	2.36	1.10	1.87
	T_5、T_6	−2.27	4.17	1.90	1.87
小山塘—大贴饼	C_7	−0.65	1.26	0.61	1.94
东口门	$ADCP_{16}$	−7.40	10.6	3.20	1.43

由于受观测资料所限，上述潮量统计中存在一些不合理现象，仅做参考。现以大、中、小潮期平均计算的潮量，估算工程前各个汊道的分潮比（表 2－9）。表中用蒋公柱—大山塘主通道横断面进出的潮量代表由西口进出港区的总潮量（100%），但其中不包括北岛链中的大乌龟—颗珠山、颗珠山—小洋山汊道进出的潮量。从表中可以看出，颗珠山—小洋山汊道是小洋山岛链中较重要的潮量进出通道，涨、落潮量分别是主通道的 13% 和 19%；比镬盖塘—小岩礁汊道还大。总计目前已堵的三个汊道进出潮量，占涨潮量（进港区）的 26%，占落潮量（出港区）的 30%，差不多是目前进出颗珠山汊道涨潮量的 2 倍，落潮量的 1.6 倍。

表 2－9　工程前各汊道潮量的分潮比

通　道	站　名	涨潮流				落潮流			
		历时/（时：分）	流速/（m/s）	潮量/亿 m^3	百分比/%	历时（时：分）	流速/（m/s）	潮量/亿 m^3	百分比/%
蒋公柱—大山塘	D_1、D_2、D_3	5:39	0.74	−12.77	100	6:24	0.82	14.71	100
大乌龟—颗珠山	C_1	5:53	0.22	−0.50	4	5:32	0.36	0.85	6
颗珠山—小洋山	C_2	5:53	0.34	−1.63	13	6:04	0.54	2.75	19
小洋山—镬盖塘	C_3	6:15	0.45	−1.57	12	5:04	0.41	1.24	8
镬盖塘—小岩礁	C_4、C_5、C_6	5:02	0.25	−1.26	10	6:20	0.35	2.36	16
小山塘—大贴饼	C_7	4:35	0.36	−0.65	5	8:48	0.44	1.26	9
东口门	ADCP－16	5:29	0.74	−7.40	58	6:45	0.87	10.60	72

注：百分比为各断面进出潮量占蒋公柱—大山塘断面的百分比

2.5 工程前洋山海域悬浮泥沙运动

2.5.1 悬浮泥沙时间序列变化

长江口和杭州湾口外的泥沙随潮流挟运、输移和扩散，是洋山海区水体泥沙的基本来源。海域含沙量比较高，工程前多年平均表层含沙量为0.892 kg/m³，西口门及其西南部含沙量较高，随着20世纪90年代末以来，长江径流下泄入海泥沙逐渐减少，从平均输沙量4.32亿t减至3亿t左右，这必然会反映在本海域沙量浓度的变化，据小洋山历年逐时表层含沙量观测，从1998～2000年，港区含沙量基本无变化，自2001年后，才同样呈现下降趋势，这可能与进出该区的泥沙大部分是长江口的间接输沙相关，具有滞后效应，2003年比2002年含沙量平均减少8%（表2-10）。

表2-10 小洋山站历年平均沙量分布

年份	1998	1999	2000	2001	2002	2003	多年平均
年均含沙量/(kg/m³)	0.886	0.837	0.876	0.917	0.946	0.868	0.880

含沙量月际变化一般为冬高夏低，7～8月最低，为0.414～0.327 kg/m³，12月～翌年2月最高，为1.110～1.333 kg/m³，最高约为最低的4倍（表2-11）。

表2-11 1998～2003年月平均含沙量

月份	1	2	3	4	5	6	7	8	9	10	11	12	平均
月均含沙量/(kg/m³)	1.299	1.333	1.311	1.210	0.806	0.561	0.414	0.327	0.599	0.722	0.968	1.111	0.892

含沙量同具明显的潮周期变化特征。主通道冬季大潮平均含沙量涨、落潮分别为3.0～3.3 kg/m³和3.0～3.2 kg/m³，涨潮含沙量略高；冬季小潮平均含沙量明显低于大潮，涨、落潮分别为1.7～2.2 kg/m³和1.5～2.0 kg/m³，但同样涨潮含沙量大于落潮含沙量。大、小潮含沙量的差异主要表现在上层水体相差很大，而底层相差较小，如主通道西口中央D_2测站，表层涨落潮含沙量大潮时分别为2.049 kg/m³和1.784 kg/m³，小潮时分别为0.237 kg/m³和0.226 kg/m³，大潮是小潮的8倍左右；而底层涨落潮含

沙量大潮分别为 3.844 kg/ m^3 和 4.230 kg/m^3，小潮分别为 4.671 kg/m^3 和 4.781 kg/ m^3，底层小潮含沙量甚至比大潮还高。各汊道一般冬季落潮含沙量略大于涨潮，与主通道一致，各测站平均含沙量为 2.6～3.4 kg/ m^3，落潮为 2.7～3.4 kg/m^3。汊道中夏季含沙量比冬季要低，大潮期间夏比冬低约 1 倍，而小潮期间夏季更低，仅为冬季的 1/4，相差悬殊。在四个汊道中，镬盖塘—小岩礁汊道含沙量略高(表 2 - 12，表 2 - 13)。

表 2 - 12 工程前主通道含沙量特征值 (单位：kg/m^3)

测站	时间	潮况	平均		垂线平均最大		测点最大	
			涨潮	落潮	涨潮	落潮	涨潮	落潮
D_1	1999.1 冬	大	2.948	3.116	3.743	3.116	4.812	6.230
		小	2.201	1.530	4.422	4.097	7.916	6.576
D_2	1999.1 冬	大	3.270	3.135	3.844	4.230	5.526	6.008
		小	1.962	2.031	4.671	4.781	8.488	10.868
D_3	1999.1 冬	大	3.210	2.926	3.682	3.618	5.546	5.758
		小	1.706	1.556	3.054	3.386	4.539	5.142
W_1	2002.7 夏	大	2.268	1.914	2.923	3.073	4.762	3.073
		小	0.757	0.577	1.337	1.007	2.696	1.007
W_2	2002.7 夏	大	0.472	0.795	1.436	1.645	2.798	1.645
		小	0.397	0.242	1.754	0.643	2.000	0.643
W_3	2002.7 夏	大	0.801	0.721	1.552	1.751	2.964	1.751
		小	0.398	0.361	0.921	0.954	1.766	0.954

表 2 - 13 工程前各汊道含沙量特征值 (单位：kg/m^3)

汊道	测站	时间	潮况	平均		垂线平均最大		测点最大	
				涨	落	涨	落	涨	落
大乌龟—颗珠山	C_1	1999.1 冬	大	2.616	2.757	3.036	3.324	4.136	4.880
			小	1.731	2.027	2.912	3.963	4.858	6.504
	T_1	2002.7 夏	大	1.209	1.010	2.049	1.793	3.373	3.774
			小	0.440	0.498	0.947	1.045	1.618	1.533
颗珠山—小洋山	C_2	1999.1 冬	大	2.648	1.136	3.328	3.136	4.556	4.982
			小	1.899	2.140	3.271	2.140	4.858	5.128
	T_2	2002.7 夏	大	0.878	0.771	1.647	1.146	3.222	3.062
			小	0.483	0.298	1.285	1.119	2.034	2.404

（续表）

汊道	测站	时间	潮况	平　均		垂线平均最大		测点最大	
				涨	落	涨	落	涨	落
小洋山—镬盖塘	C_3	1999.1 冬	大	2.698	3.319	3.014	3.139	4.298	5.108
			小	2.116	2.657	3.318	2.657	8.314	7.428
	T_3	2002.7 夏	大	1.133	1.956	2.403	2.914	1.113	3.928
			小	0.493	0.853	1.236	1.277	2.010	2.310
	T_4	2002.7 夏	大	1.508	1.491	2.147	2.253	3.116	3.126
			小	0.505	0.917	1.223	1.433	2.534	2.442
镬盖塘—小岩礁	C_4	1999.1 冬	大	2.547	2.911	2.682	2.914	4.068	5.596
			小	0.919	1.679	1.784	1.679	4.224	4.426
	C_5	1999.1 冬	大	2.852	2.994	3.306	3.992	5.548	6.048
			小	1.276	1.561	2.101	2.665	4.597	4.641
	C_6	1999.1 冬	大	3.414	3.133	4.079	3.387	6.418	5.570
			小	1.387	1.050	1.864	1.967	3.297	4.586
	T_5	2002.7 夏	大	1.188	1.365	1.588	2.552	2.928	3.771
			小	0.487	1.350	1.281	1.989	2.980	3.226
	T_6	2002.7 夏	大	1.992	1.050	2.633	2.885	4.408	3.990
			小	0.721	0.381 0	1.805	1.294	3.164	2.132

2.5.2　悬浮泥沙空间分布特征

根据1996年10月和1997年10月洋山港区同步周日连续观测资料分析，该海区涨潮流时段平均含沙量为1.556 kg/m^3，落潮流时段为1.483 kg/m^3，落潮时段比涨潮时段含沙量略低，全潮平均为1.520 kg/m^3。港区西部水域含沙量大于东部。贯穿主通道自西向东，全潮平均含沙量B_1站为2.175 kg/m^3，P_1站为2.162 kg/m^3，P_2站为1.705 kg/m^3，P_3站为1.804 kg/m^3，至东口外P_4站为1.311 kg/m^3，再向东入外航道全潮平均含沙量为0.995～0.480 kg/m^3，越向东含沙量越低（图2-6，图2-7）。但其中小潮却相反，主通道中东部含沙量比西部高（表2-5；图2-8，图2-9）。

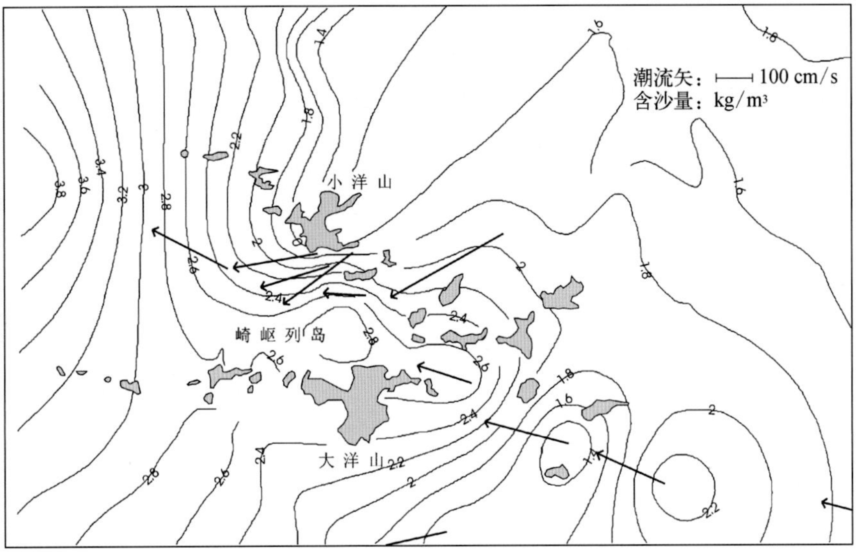

图 2-6 洋山海域大潮流矢与含沙量分布图(涨急)

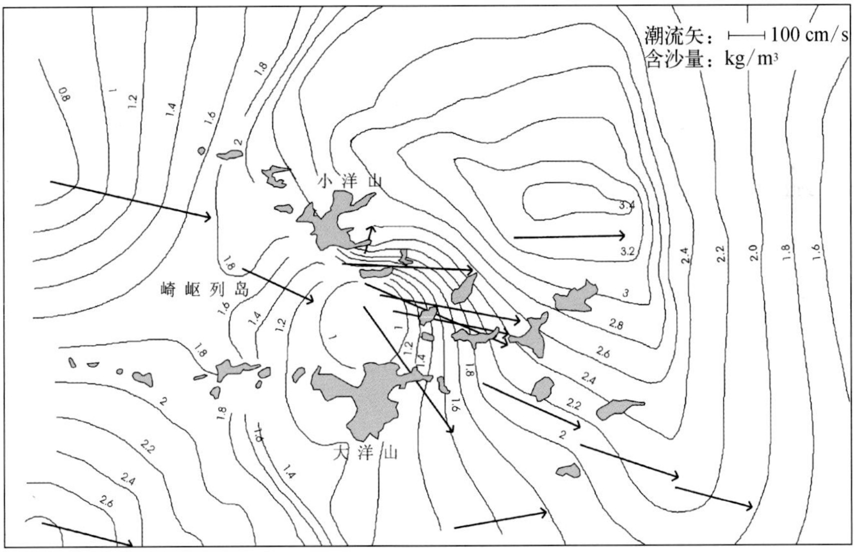

图 2-7 洋山海域大潮流矢与含沙量分布图(落急)

表 2-14 港区水域纵向含沙量分布 (单位：kg/m³)

测站	大潮			中潮			小潮			全潮平均		
	涨潮	落潮	全潮	涨潮	落潮	全潮	涨潮	落潮	全潮	涨潮	落潮	全潮
B_1	2.898	3.067	2.971	3.394	2.603	3.020	0.547	0.516	0.532	2.280	2.062	2.175
P_1	3.122	2.886	3.017	3.401	2.237	2.835	0.752	0.495	0.634	2.425	1.873	2.162

（续表）

测站	大潮			中潮			小潮			全潮平均		
	涨潮	落潮	全潮	涨潮	落潮	全潮	涨潮	落潮	全潮	涨潮	落潮	全潮
P_2	2.894	2.356	2.638	2.137	1.589	1.897	0.681	0.505	0.586	1.904	1.483	1.705
P_3	2.408	2.177	2.289	2.405	2.050	2.208	1.005	0.848	0.914	1.939	1.692	1.804
P_4	1.515	1.736	1.620	1.600	1.494	1.553	0.752	0.773	0.760	1.289	1.335	1.311

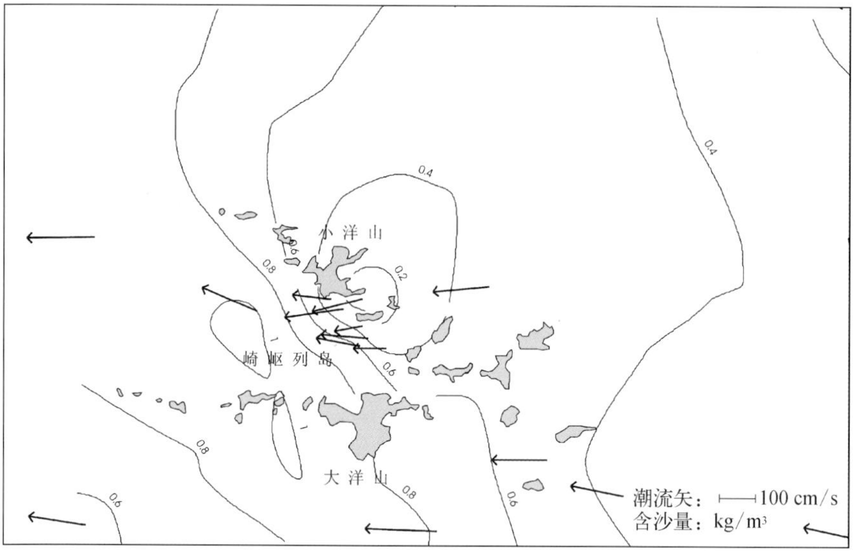

图 2-8　洋山海域小潮流矢与含沙量分布图(涨急)

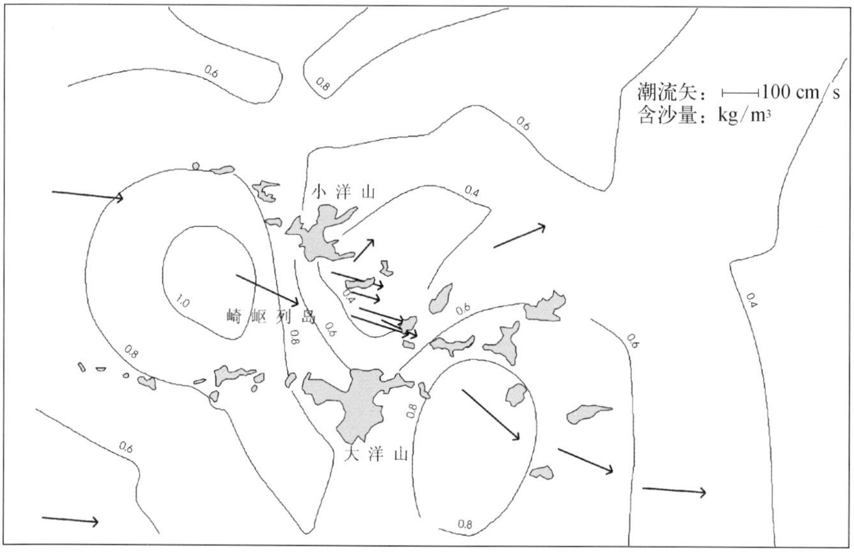

图 2-9　洋山海域小潮流矢与含沙量分布图(落急)

含沙量垂向分布总的规律是表层最小，随着深度逐渐增大，至0.8H和底层最大，大中小潮皆按此趋势递增，一般大潮表层含沙量全区为0.250～1.950 kg/m^3，底层为0.480～8.528 kg/m^3；小潮表层为0.052～0.31 kg/m^3，底层为0.428～3.414 kg/m^3。港区主通道内表层含沙量约1.0～1.5 kg/m^{3}左右，而底层则成倍增加，普遍可达3.0～5.0 kg/m^3，最大可出现6.0～10.0 kg/m^3。因表层悬沙浓度明显减少，而近地层仍维持高浓度，因而含沙量垂向梯度更大(图1－13)。

2.5.3 悬浮泥沙输移

据工程前1996年水文同步观测资料，算得港区的主通道和各汊口单宽输沙率和港区除了西口门北侧(D_1站)外，大中潮均落潮输沙率大于涨潮输沙率，小潮期间涨落输沙率呈均势，因此，该区在落潮流长于涨潮流历时的基本状况下，落潮输沙占优，余流基本向东南方向，约110°～120°方向输送，主通道以出沙为主。但根据小洋山北岛链各汊道各测站(C_1～C_6)计算，大中小潮输沙率绝大部分是涨潮输沙率大于落潮输沙率，表层各汊道以进沙为主，输沙方向随汊道的走向不同而有所差异(表2－15)。

表2－15 港区和汊道水域输沙率(大潮)

测站(港区)	O_1		O_2		O_3		P_1		P_2		W_1	
输沙率/(kg/m^3)	输沙率	方向/(°)	输沙率	方向/(°)	输沙率	方向/(°)	输沙率	方向/(°)	输沙率	方向/(°)	输沙率	方向/(°)
涨潮	36.17	295	37.87	292	36.30	286	20.89	296	31.71	311	30.20	281
落潮	29.11	127	45.57	119	47.49	113	31.70	117	37.17	113	22.63	100
测站(汊道)	C_1		C_2		C_3		C_4		C_5		C_6	
输沙率/(kg/m^3)	输沙率	方向/(°)	输沙率	方向/(°)	输沙率	方向/(°)	输沙率	方向/(°)	输沙率	方向/(°)	输沙率	方向/(°)
涨潮	12.42	278	39.61	254	31.57	237	9.62	257	23.67	268	78.59	340
落潮	8.34	103	31.21	80	31.07	57	9.92	86	18.5	104	37.24	72

2.6 工程前洋山海域海床冲淤演变

据各时期海域横向断面水深资料分析，从20世纪60年代以来，整个海床地形处在冲刷环境之中。以镬盖塘—大洋山西断面为界，以西海域的海床冲淤变幅，自 20 世纪 60 年代经 80～90 年代，累计平均冲刷 56 cm 左右，年约 1.9 cm，呈现出冲淤变幅小，略有冲刷状态；以东的海域，由于过水断面束窄，水流增强，冲刷海床的力度也随之加大，但至 30 m 以深的深水区，底部沉积均已难以冲刷，海床地形也已接近冲淤平衡状态(图 1－16)。

表 2－16　1960～2004 年洋山海域横断面水深变化

断　面	断面宽/km	1960 年		1984～1989 年		2004 年	
		平均水深/m	最大水深/m	平均水深/m	最大水深/m	平均水深/m	最大水深/m
大乌龟—唐脑山	8.05	8.45	9.20	8.88	9.1	9.44	10.1
颗珠山—双连山	7.35	8.76	9.40	9.24	9.6	9.80	10.4
大洋山西—大山塘	4.72	11.25	10.20	11.75	11.9	12.20	15.0
镬盖塘—大洋山西	2.80	20.86	15.20	19.70	20.0	22.57	26.8

上述情况也反映在整个海区内等深线的变化上(图 2－10)，以 10 m 等深线为例，20 世纪 60 年代～80 年代，10 m 等深线向西口门方向移动了约 600 m，至 20 世纪 90 年代末又向西移动了接近 1 400 m，1992～2004 年该等深线又西移了 400 m。40 余年来累计向西移动了约 2 450 m，反映了洋山海区尤其西半部海区 10 m 水深区发展扩大，而 20 m 线倒相对较稳定。

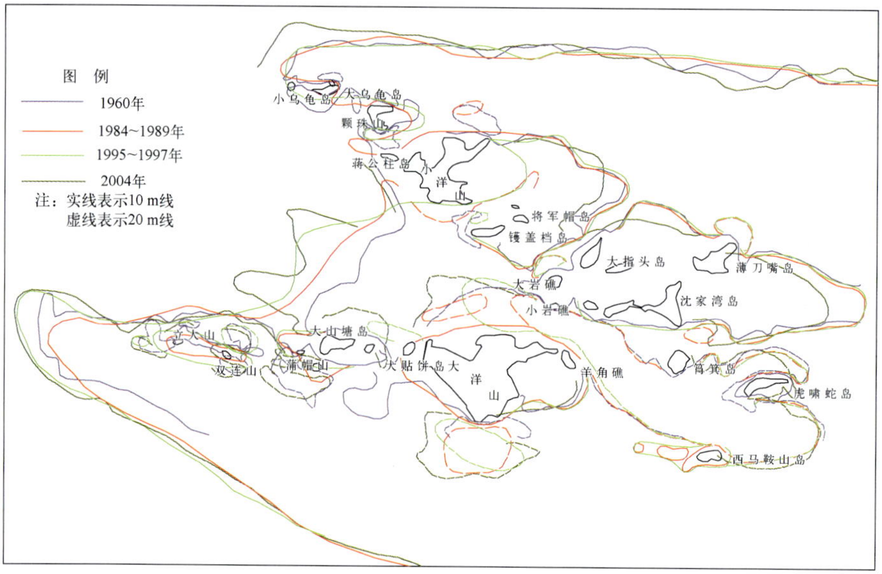

图 2－10　崎岖列岛海域 10 m、20 m 等深线变化

第3章

洋山港区海域工程后水沙动力和海床冲淤变化

3.1 工程海域潮汐和潮位

2002年10月至2003年9月实施中汊道小洋山—镬盖塘南侧封堵，2004年6月全汊道封堵竣工；2003年4月～2004年5月，完成西侧大乌龟岛—颗珠山汊道封堵；2004年8月至2005年4月完成东汊道北侧将军帽—大指头岛的封堵，形成了长1.22 km的入港导堤；至2006年10月，完成该汊道东侧小汊口的封堵和全汊道的抛石填陆，镬盖塘—小岩礁形成了长2.55 km的顺直岸线。

3.1.1 潮波调和分析

对小洋山验潮站逐年水位资料进行调和分析，获得逐年各分潮的调和常数，并统计潮汐性质指标(表3-1)。可见工程后，主要太阴半日分潮M_2的振幅略有增加，至2007年增幅为5%，而浅水分潮振幅剧增，增幅达45%，显然工程后地形变化潮波运动中的非线性效应作用明显。由于主要分潮波变化不大，潮性判据保持着0.39，仍基本为半日潮性质。但潮波深水性质判据增大，表明工程后深水潮波作用明显加强。

表3-1 M_2分潮和浅水分潮振幅及潮性判据

判　据	2002年	2003年	2004年	2005年	2006年	2007年
H_{M_2}/cm	125.2	124.2	130.2	130.0	129.8	131.1
$H_{M_4}+H_{MS_4}$/cm	10.2	11.9	13.5	14.9	14.6	14.8

（续表）

判　　据	2002 年	2003 年	2004 年	2005 年	2006 年	2007 年
$(H_{O_1}+H_{K_1})/H_{M_2}$	0.39	0.39	0.39	0.39	0.39	0.39
$(H_{M_4}+H_{MS_4})/H_{M_2}$	0.082	0.095	0.105	0.115	0.118	0.113

3.1.2　潮汐特性

表 3－2　潮汐特征值

特征值	平均海平面 /cm	月平均潮差 /cm	月最大潮差 /cm	涨潮历时 /(h:min)	落潮历时 /(h:min)
2002 年	258	270	455	5:50	6:35
2003 年	258	268	469	5:47	6:38
2004 年	258	276	461	5:45	6:40
2005 年	256	274	460	5:45	6:41
2006 年	258	274	460	5:43	6:42
2007 年	258	277	467	5:45	6:40

据表 3－2 统计，海域平均海平面工程后基本没有变化，均维持在 258 cm。月平均潮差由工程前 268～270 cm 增加至 274～277 cm，增大约 6～9 cm，增幅 2%～3%；月最大潮差也略增约 5～12 cm。落潮历时长于涨潮历时约 1 h，工程后落潮历时略有增长。

3.1.3　潮位

港区沿岸的水位随潮汐周期而升降。该海域于 2005 年 6～7 月和 9～10 月、2006 年 4～5 月、2007 年 4～5 月以及 2008 年 5 月共 5 次，分别在洋山海域北岛链自西向东的大乌龟山、小洋山工作船码头和小岩礁，以及在南岛链中自西向东的双连山、大山塘（大洋山西）和大洋山东等 6 个临时验潮站进行了半个月的潮位同步观测。据这 5 次的观测值，取其中与潮流观测同步的一周日潮位逐时值列于表 3－3 中。从表中可见洋山海域在涨潮期间，主通道潮位东侧比西侧高，而落潮期间西侧潮位比东侧要高，这是符合潮波在峡湾海域运动中岸线潮位变化规律的。但在浅水海域工程后沿岛链水位发生了一些变化，主要表现在通道北岸中部即工作船测站有明显的反常现象：在落潮期间其水位比西侧大乌龟山要高，而涨潮期间，水位比其东侧的水位要高（图 3－1），这种主通道海域纵向中部水位隆起可视为一种壅水现象，而且这种现象在三期工程后（2008 年）比仅完成一、二期工程（2005

年)后更为明显。

表 3-3(a) 2005 年 7 月北岛链海域潮位观测值 (单位：cm)

日期 2005.7.6	大乌龟 (1)	工作船码头 (2)	小岩礁 (3)	(2)—(1)	(3)—(2)	(3)—(1)	涨↑ 落↓
13:00	283	284	279	1	−5	−4	↓
14:00	226	230	215	4	−15	−11	↓
15:00	170	175	161	5	−14	−9	↓
16:00	117	125	116	8	−9	−1	↓
17:00	097	105	103	8	−2	6	↑
18:00	115	123	135	8	12	20	↑
19:00	169	179	193	10	14	24	↑
20:00	260	267	291	7	24	31	↑
21:00	355	357	371	2	14	16	↑
22:00	427	428	440	1	12	13	↑
23:00	455	454	458	−1	4	3	↑
00:00	446	444	442	−2	−2	−4	↓
01:00	409	409	398	0	−11	−11	↓
02:00	351	352	336	1	−16	−15	↓
03:00	283	288	273	5	−15	−10	↓
04:00	208	218	201	10	−17	−7	↓
05:00	153	164	147	11	−17	−6	↓
06:00	119	129	128	10	−1	9	↑
07:00	133	144	158	11	14	25	↑
08:00	190	200	219	10	19	29	↑
09:00	262	266	285	4	19	23	↑
10:00	319	321	332	2	11	13	↑
11:00	348	348	349	0	1	1	↑
12:00	344	343	340	−1	−3	−4	↓
13:00	315	315	307	0	−8	−8	↓

表 3-3(b) 2005 年 10 月北岛链海域潮位观测值 (单位：cm)

日期 2005.10.04	大乌龟 (1)	工作船码头 (2)	小岩礁 (3)	(2)—(1)	(3)—(2)	(3)—(1)	涨↑ 落↓
12:00	451	459	445	8	−14	−6	↓
13:00	410	415	392	5	−23	−18	↓
14:00	334	338	316	4	−22	−18	↓
15:00	263	268	239	5	−29	−24	↓
16:00	184	189	163	5	−26	−21	↓
17:00	127	127	113	0	−14	−14	↓
18:00	095	094	097	−1	3	2	↓
19:00	122	125	144	3	19	22	↑
20:00	214	221	228	7	7	14	↑
21:00	314	324	323	10	−1	9	↑

（续表）

日期 2005.10.04	大乌龟 (1)	工作船码头 (2)	小岩礁 (3)	(2)－(1)	(3)－(2)	(3)－(1)	涨↑ 落↓
22:00	402	411	413	9	2	11	↑
23:00	450	457	455	7	－2	5	↑
00:00	440	448	436	8	－12	－4	↓
01:00	405	410	389	5	－21	－16	↓
02:00	329	332	313	3	－19	－16	↓
03:00	254	258	226	4	－32	－28	↓
04:00	178	180	156	2	－24	－22	↓
05:00	144	144	096	0	－48	－48	↓
06:00	079	077	080	－2	3	1	↓
07:00	099	101	119	2	18	20	↑
08:00	181	188	200	7	12	19	↑
09:00	290	299	301	9	2	11	↑
10:00	384	393	389	9	－4	5	↑
11:00	447	456	455	9	－1	8	↑
12:00	457	467	459	10	－8	2	↑

表 3－3(c)　南北岛链海域潮位观测值　　（单位：cm）

日期 2006.04.28	北岛链			南岛链			涨↑ 落↓
	大乌龟	工作船码头	差	双连山	大洋东	差	
12:00	392	384	－8	390	395	5	↓
13:00	343	332	－11	343	344	1	↓
14:00	255	248	－7	260	268	8	↓
15:00	168	171	3	178	188	10	↓
16:00	92	96	4	105	98	－7	↓
17:00	36	34	－2	41	28	－13	↓
18:00	21	20	－1	22	21	－1	↑
19:00	64	76	12	64	98	34	↑
20:00	174	190	16	173	203	30	↑
21:00	292	304	12	274	318	44	↑
22:00	389	395	6	373	383	10	↑
23:00	439	442	3	428	434	6	↑
00:00	435	435	0	428	428	0	↓
01:00	404	400	－4	405	384	－21	↓
02:00	334	333	－1	338	308	－30	↓
03:00	247	253	6	260	220	－40	↓
04:00	170	185	15	184	119	－65	↓
05:00	96	111	15	112	82	－30	↓

（续表）

日期 2006.04.28	北岛链			南岛链			涨↑ 落↓
	大乌龟	工作船码头	差	双连山	大洋东	差	
06:00	59	63	4	66	62	−4	↓
07:00	67	73	6	71	82	11	↑
08:00	135	147	12	137	162	25	↑
09:00	237	248	11	232	248	16	↑
10:00	327	333	6	312	328	16	↑
11:00	381	383	2	369	370	1	↑
12:00	386	384	−2	381	370	−11	↑

表 3-3(d)　南北岛链海域潮位观测值　　（单位：cm）

日期 2007.4.19	北岛链			南岛链			涨↑ 落↓
	工作船码头	小岩礁	差	双连山	大洋东	差	
12:00	405	406	1	406	406	0	↓
13:00	375	367	−8	382	369	−13	↓
14:00	322	302	−20	325	308	−17	↓
15:00	229	207	−22	237	210	−27	↓
16:00	152	125	−27	152	128	−24	↓
17:00	65	57	−8	72	52	−20	↓
18:00	9	1	−8	16	8	−8	↓
19:00	6	18	12	8	21	13	↑
20:00	79	102	23	72	102	30	↑
21:00	199	226	27	187	220	33	↑
22:00	318	338	20	295	320	25	↑
23:00	413	421	8	392	404	12	↑
00:00	449	450	1	437	443	6	↑
01:00	443	434	−9	439	435	−4	↓
02:00	408	392	−16	412	398	−14	↓
03:00	335	314	−21	340	317	−23	↓
04:00	262	232	−30	261	234	−27	↓
05:00	181	159	−22	181	161	−20	↓
06:00	104	88	−16	105	89	−16	↓
07:00	55	54	−1	62	60	−2	↓
08:00	68	85	17	67	86	19	↑
09:00	149	171	22	144	171	27	↑
10:00	246	266	20	233	261	28	↑
11:00	327	334	7	311	324	13	↑
12:00	372	369	−3	361	364	3	↑

表 3-3(e) 南北岛链海域潮位观测值

日期 2008.5.6	北岛链						涨↑ 落↓	南岛链					
	大乌龟(1)	工作船码头(2)	小岩礁(3)	(2)−(1)	(3)−(2)	(3)−(1)		双连山(1)	大山塘(2)	大洋山东(3)	(2)−(1)	(3)−(2)	(3)−(1)
12:00	366	374	359	8	−15	−7	↑	369	360	360	−9	0	−9
13:00	317	327	309	10	−18	−8	↑	323	313	310	−10	−3	−13
14:00	235	246	222	11	−24	−13	↑	243	229	222	−14	−7	−21
15:00	151	166	140	15	−26	−11	↑	163	145	141	−18	−4	−22
16:00	075	87	067	12	−20	−8	↑	84	63	66	−21	3	−18
17:00	019	024	013	5	−11	−6	↑	22	7	11	−15	4	−11
18:00	006	008	017	2	9	11	↑	3	0	16	−3	16	13
19:00	060	069	083	9	14	23	↑	54	61	84	7	23	30
20:00	167	180	195	13	15	28	↑	159	180	196	21	16	37
21:00	284	301	291	17	−10	7	↑	278	304	291	26	−13	13
22:00	389	403	390	14	−13	1	↑	380	400	391	20	−9	11
23:00	446	459	443	13	−16	−3	↑	443	452	444	9	−8	1
00:00	449	463	447	14	−16	−2	↑	450	451	448	1	−3	−2
01:00	426	439	421	13	−18	−5	↑	432	426	420	−6	−6	−12
02:00	358	371	345	13	−26	−13	↑	365	350	345	−15	−5	−20
03:00	275	294	261	19	−33	−14	↑	287	276	260	−11	−16	−27
04:00	191	213	187	22	−26	−4	↑	203	185	186	−18	1	−17
05:00	116	136	115	20	−21	−1	↑	127	102	115	−25	13	−12
06:00	73	77	072	4	−5	−1	↑	74	58	72	−16	14	−2
07:00	73	74	087	1	13	14	↑	70	71	89	1	18	19
08:00	136	142	164	6	22	28	↑	132	143	163	11	20	31
09:00	234	246	256	12	10	22	↑	228	249	257	21	8	29
10:00	319	332	321	13	−11	2	↑	314	330	323	16	−7	9
11:00	373	385	367	12	−18	−6	↑	370	372	368	2	−4	−2
12:00	381	392	375	11	−17	−6	↑	380	379	376	−10	−3	−4

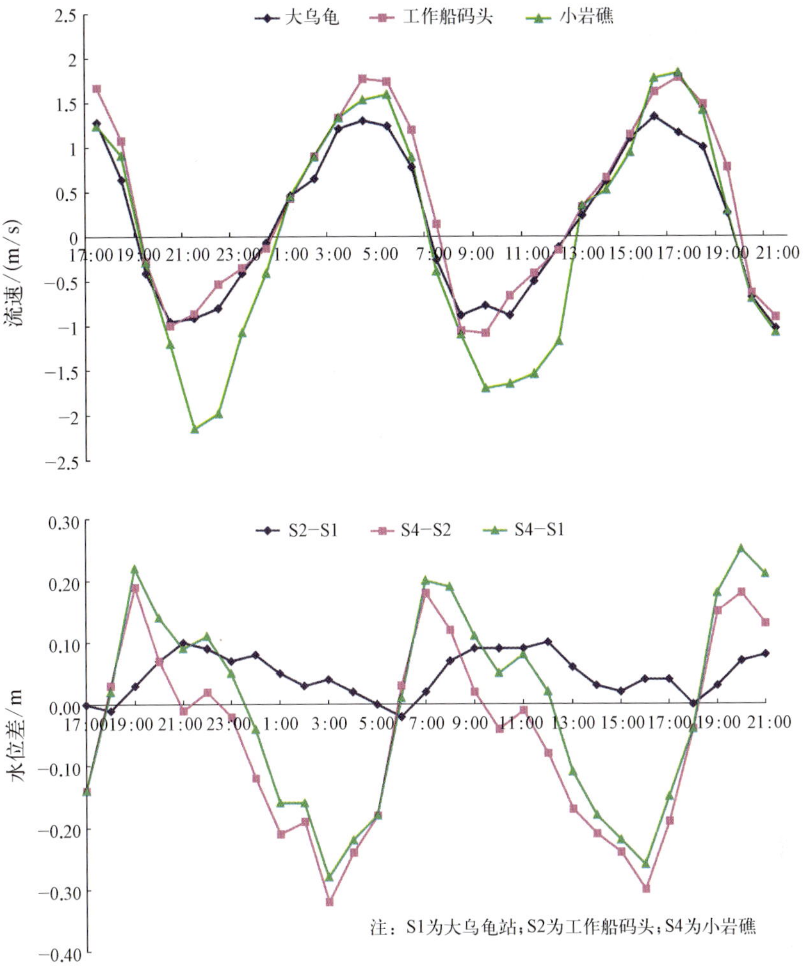

图 3-1　2005 年 10 月大乌龟、小洋山、小岩礁三站流速、水位差时间过程线图

3.2 工程海域潮流和潮量

3.2.1 沿北岛链水域潮流

在完成北岛链乌龟山—颗珠山、颗珠山—镬盖塘间西、中两汊道封堵后(2004 年)，工作船码头，二期和一期码头前沿的流速均减小(表 3-4)，涨潮流速减少 4%～12%，落潮流速减少 10%～21%，落潮流速减少明显，特别在一、二期码头前约减少 30%左右。当三期码头工程前期东侧北围堰堤完成后(2005 年)，沿岸流速剧减，以东西两段最显著，西段颗珠山汊口附近落潮流速

减小约 20%，而东侧一、三期码头前流速减小 35%～40%。在三期码头工程竣工后(2007 年)，流速全线增加，其中蒋公柱前沿涨、落流速增加 30%左右，一、三期码头前涨速增加 50%～98%，落速增加 25%～50%，其中以一期码头前涨速增幅最大。三期码头工程完成后，洋山港区大工程基本结束。海域内的潮运动处于调整恢复阶段，在整个沿北岸水域断面上，潮流有增有减，变幅不大，其中蒋公柱前无论涨、落流速均减小，落潮流速以 0.95 m/s 减至 0.82 m/s，减幅 14%，而东口门附近落潮流速有所增加(表3－4，图 3－2)。

表 3－4　沿北岸水域落涨潮流　　(单位：m/s)

区段	颗汉道以西		颗汉道西口		蒋公柱前沿		工作船码头前		二期码头前		一期码头前		三期码头前	
距西端/m	0～2 000		2 100～3 100		3 400～3 800		3 900～4 800		4 900～6 400		6 500～8 100		8 200～10 600	
	涨速	落速	涨速	落速	涨速	落速	涨速	落速	涨速	落速	涨速	落速	涨速	落速
2004.03	0.51	0.88	0.82	1.04	0.64	0.98	0.56	0.75	0.69	0.88	0.57	0.85	0.62	0.84
2005.07	0.49	0.73	0.71	0.79	0.45	0.66	0.52	0.75	0.55	0.81	0.35	0.57	0.40	0.61
2007.04	0.56	0.76	0.77	0.89	0.58	0.88	0.61	0.73	0.60	0.79	0.69	0.86	0.57	0.75
2007.10	0.61	0.88	0.80	1.01	0.66	0.95	0.54	0.73	0.60	0.81	0.69	0.87	0.69	0.77
2008.05	0.63	0.78	0.79	0.86	0.60	0.82	0.62	0.73	0.63	0.83	0.72	0.93	0.59	0.81
平均	0.56	0.81	0.78	0.92	0.59	0.86	0.57	0.74	0.61	0.82	0.61	0.88	0.57	0.76

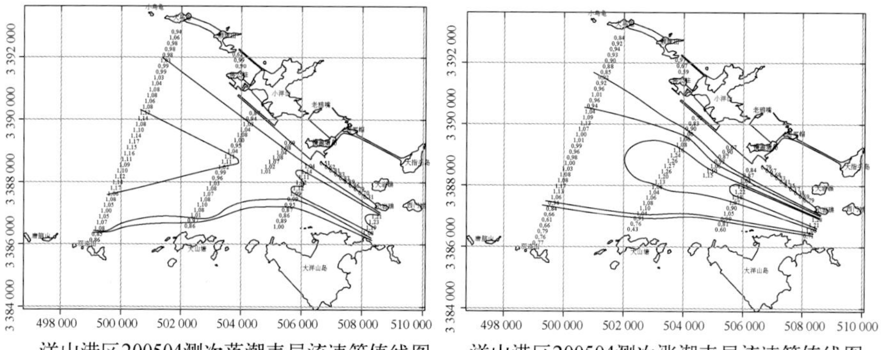

洋山港区200504测次落潮表层流速等值线图　　洋山港区200504测次涨潮表层流速等值线图

(a)

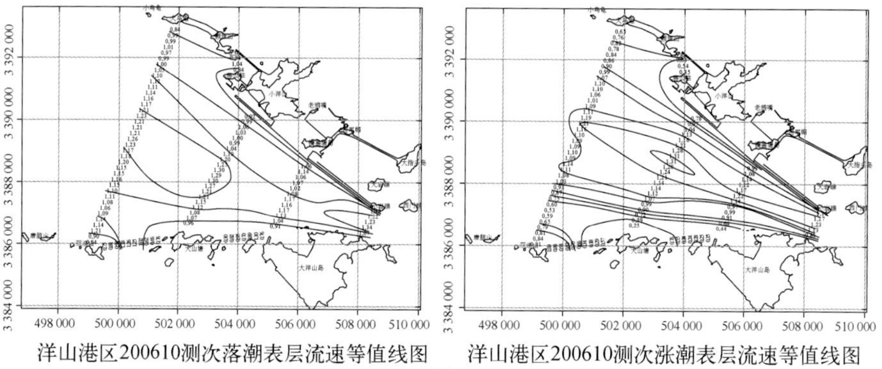

洋山港区200610测次落潮表层流速等值线图　　洋山港区200610测次涨潮表层流速等值线图

(b)

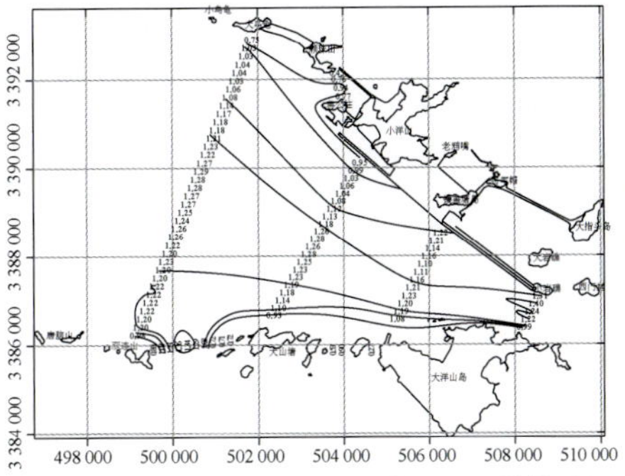

洋山港区200701测次落潮表层流速等值线图

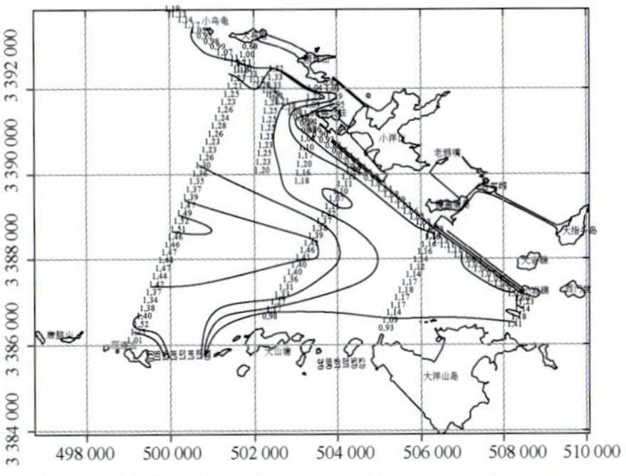

洋山港区200710测次落潮表层流速等值线图

(c)

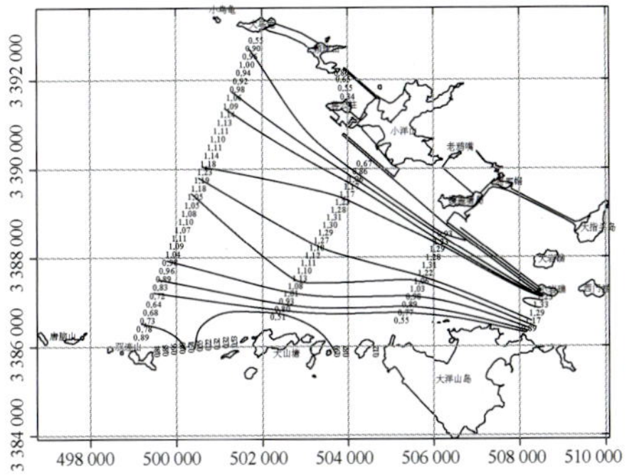

洋山港区200701测次涨潮表层流速等值线图

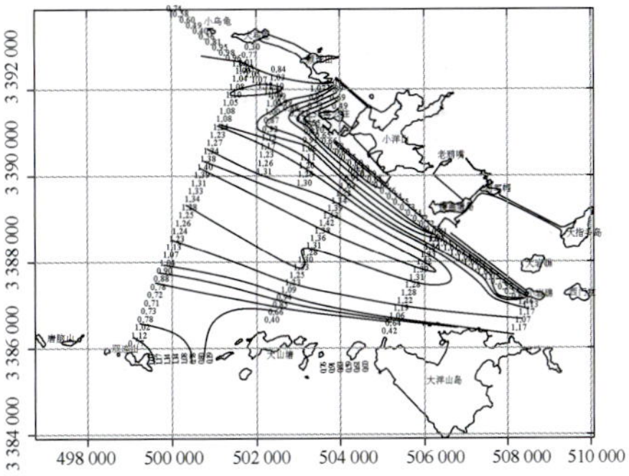

洋山港区200710测次涨潮表层流速等值线图

(d)

图 3-2 主通道海域涨潮表层流速等值线图

沿北岸水域落潮流明显强于涨潮流，落涨速比为 1.36，落潮流占优势。全断面在东侧比围堰完成后落潮流相对最强，速比值为 1.45，随着三期工程结束北岸形成一顺直岸线后，涨潮流相对渐渐增强，达 1.30 左右，之后涨潮流速继续渐增，至 2008 年比值达 1.25 左右(表 3-5)。

表 3-5 沿北岸水域落涨潮流比值

区段	颗汉道以西	颗汉道西口	蒋公柱前	工船码头前	二期码头前	一期码头前	三期码头前	全断面平均
距西端/m	0～2 000	2 100～3 300	3 400～3 800	3 900～4 800	4 900～6 400	6 500～8 100	8 200～10 600	
2002.10				1.32	1.67	1.88		1.62
2003.12	1.73	1.27	1.53	1.34	1.28	1.49	1.35	1.43
2005.07	1.49	1.11	1.47	1.44	1.47	1.63	1.53	1.45
2007.04	1.36	1.16	1.52	1.20	1.32	1.25	1.32	1.30
2007.10	1.44	1.26	1.43	1.35	1.35	1.26	1.12	1.32
2008.05	1.21	1.09	1.37	1.18	1.32	1.29	1.37	1.26
平均	1.45	1.18	1.46	1.30	1.40	1.44	1.33	1.37

3.2.2 主通道海域潮流

1. 潮段平均流速

据 ADCP 走航监测资料比较(表 3－6)，自 2005 年 1 月～2008 年 10 月多年涨、落潮流均速按主通道纵向，涨潮流速自西向东不断增大，从西口断面的 0.79 m/s，增加到东口门的 1.08 m/s；落潮流向东先不断递减，西口门平均为 0.93 m/s，至镬盖塘前沿降为 0.82 m/s，后又渐增，至东口门达 1.12 m/s。按主通道横向，中央流速最大，涨落潮平均达 1.01 m/s，北部为 0.90 m/s，南部最小约 0.78 m/s，其中涨潮流速北、中、南分别为 0.89 m/s、1.02 m/s 和 0.67 m/s，北部明显大于南部；而落潮流速分别为 0.92 m/s、1.00 m/s和 0.89 m/s，北岸略比南岸大(表 3－7)。

表 3－6 主通道各段面潮段平均涨、落潮流 (单位：m/s)

断面	测次	涨潮潮段平均流					落潮潮段平均流				
		北段	中段	南段	全断面	南北差	北段	中段	南段	全断面	南北差
ADCP－9	2003.12	0.64	0.53	0.36	0.54	0.28	0.83	0.90	0.89	0.88	－0.06
	2005.04	0.70	0.61	0.44	0.58	0.26	0.54	0.77	0.77	0.69	－0.23
	2006.10	0.61	0.48	0.30	0.46	0.31	0.61	0.84	0.73	0.72	－0.12
	2007.01	0.66	0.54	0.33	0.51	0.32	0.55	0.78	0.70	0.69	－0.15
	2007.10	0.75	0.61	0.41	0.61	0.34	0.73	0.93	0.85	0.88	－0.12
	2008.10	0.71	0.44	0.24	0.46	0.47	0.60	0.87	0.74	0.74	－0.14
ADCP－13	2005.01	0.71	0.87	0.74	0.78	－0.03	0.88	1.02	0.89	0.94	－0.01
	2005.04	0.71	0.84	0.72	0.77	－0.01	0.83	0.90	0.74	0.83	0.09
	2006.04	0.73	0.91	0.69	0.79	0.04	0.84	1.00	0.87	0.87	－0.03
	2006.10	0.70	0.84	0.63	0.73	0.07	0.81	0.96	0.79	0.87	0.11
	2007.01	0.80	0.92	0.72	0.82	0.08	0.88	1.02	0.81	0.90	0.07
	2007.10	0.76	1.01	0.71	0.84	0.05	0.94	1.12	0.99	1.08	－0.05
	2008.10	0.76	0.96	0.73	0.82	0.03	0.90	1.07	1.01	0.99	－0.11
ADCP－12	2005.01	0.77	0.94	0.70	0.81	0.07	0.94	0.91	0.84	0.89	0.10
	2005.04	0.77	0.96	0.72	0.84	0.05	0.84	0.84	0.82	0.84	0.02
	2006.04	0.87	1.03	0.63	0.85	0.24	0.90	0.99	0.87	0.93	0.03
	2006.10	0.77	0.97	0.52	0.77	0.25	0.74	0.90	0.79	0.80	－0.05
	2007.01	0.82	1.03	0.68	0.85	0.14	0.84	1.00	0.84	0.84	0.00
	2007.10	0.84	1.10	0.65	0.81	0.19	0.86	1.11	0.94	0.99	0.08
	2008.10	0.91	1.02	0.72	0.88	0.19	0.92	1.08	1.02	1.01	0.10
ADCP－14	2005.01	0.82	0.96	0.65	0.82	0.17	0.92	0.83	0.73	0.82	0.19
	2005.04	0.76	0.95	0.55	0.78	0.21	0.81	0.77	0.69	0.75	0.12
	2006.04	0.87	0.96	0.50	0.78	0.37	0.91	0.82	0.77	0.83	0.14
	2006.10	0.86	0.88	0.43	0.72	0.43	0.90	0.84	0.74	0.81	0.16
	2007.01	0.94	1.01	0.57	0.85	0.37	0.92	0.88	0.77	0.85	0.15
	2007.10	0.95	1.02	0.54	0.85	0.34	0.93	0.87	0.82	0.86	0.11
	2008.10	0.91	0.92	0.49	0.77	0.42	0.93	0.80	0.80	0.84	0.13

（续表）

断面	测次	涨潮潮段平均流					落潮潮段平均流				
		北段	中段	南段	全断面	南北差	北段	中段	南段	全断面	南北差
ADCP-16	2005.01	0.98	1.14	0.62	0.98	0.36	0.94	1.31	1.04	1.18	−0.10
	2005.04	0.91	1.16	0.79	1.04	0.12	0.74	1.04	0.95	0.97	−0.21
	2006.04	1.09	1.19	0.81	1.08	0.18	0.98	1.23	1.08	1.15	−0.10
	2006.10	1.14	1.18	0.82	1.09	0.32	1.10	1.17	1.01	1.11	0.09
	2007.01	1.26	1.27	0.91	1.19	0.35	1.12	1.18	1.06	1.13	0.06
	2007.10	1.18	1.24	0.87	1.14	0.31	1.19	1.18	1.10	1.16	0.09
	2008.10	1.27	1.13	0.68	1.03	0.59	1.22	1.21	1.06	1.16	0.16

表 3-7 2005～2008 年各断面涨落潮流平均流速（单位：m/s）

断 面	涨潮平均流速				落潮平均流速			
	北段	中段	南段	平均	北段	中段	南段	平均
ADCP-13	0.74	0.91	0.71	0.79	0.87	1.01	0.87	0.96
ADCP-12	0.82	1.01	0.66	0.83	0.86	0.98	0.87	0.90
ADCP-14	0.87	0.96	0.53	0.80	0.90	0.83	0.76	0.82
ADCP-16	1.12	1.19	0.79	1.08	1.04	1.19	1.04	1.12
平 均	0.89	1.02	0.67	0.87	0.92	1.00	0.89	0.93

随着洋山工程的进展，潮流的变化与北港区各沿岸变化类似。东侧北围堤建成后（2005.04），潮流明显减弱，平均落潮流速减小 12%以上，其中西口门北部减小更多，达 21%；涨潮流速略减。三期码头竣工后，流速回复增加，其中北岸涨潮流速从 0.79 m/s 增至 0.96 m/s 左右，增幅 22%，而南岸落潮流从 0.80 m/s 增至 0.87 m/s 以上，增幅 9%（表 3-8）。

表 3-8 工程后主通道横向涨落潮流平均流速逐年变化（单位：m/s）

日 期	涨潮平均流速				落潮平均流速			
	北段	中段	南段	平均	北段	中段	南段	平均
2005.01	0.82	0.98	0.68	0.83	0.92	1.02	0.88	0.94
2005.04	0.79	0.98	0.70	0.82	0.81	0.89	0.80	0.83
2006.04	0.89	1.02	0.66	0.86	0.91	1.01	0.90	0.94
2006.10	0.87	0.97	0.60	0.81	0.89	0.97	0.83	0.90
2007.01	0.96	1.06	0.72	0.91	0.94	1.02	0.87	0.94
2007.10	0.93	1.09	0.69	0.91	0.98	1.07	0.96	1.00
2008.10	0.96	1.01	0.66	0.88	0.99	1.04	0.97	1.00

2. 潮流结构

洋山海域中涨、落潮流相对强弱结构的变化与海床冲淤密切相关。工程后海域落潮流速与涨潮流速比值为1.12，落潮流相对较强。按通道横向北段、中段和南段区分，该比值分别为1.05、0.99和1.34，表明通道南部落潮流强于涨潮流，中央涨潮略强，而近北岸落潮流稍强。按通道纵向比较，西部落潮流相对更强，东口门北部涨潮流相对最强（表3-9，图3-3）。

表3-9　主通道海域各断面落涨流速比值

断面	日期	北段	中央	南段	平均
ADCP-13	2005.01	1.24	1.17	1.20	1.20
	2005.04	1.17	1.07	1.03	1.09
	2006.04	1.15	1.10	1.26	1.17
	2006.10	1.16	1.14	1.25	1.18
	2007.01	1.10	1.11	1.25	1.15
	2007.10	1.24	1.11	1.39	1.25
	2008.10	1.18	1.11	1.38	1.22
	平均	1.18	1.12	1.25	1.18
ADCP-12	2005.01	1.22	0.97	1.04	1.08
	2005.04	1.09	0.88	1.13	1.03
	2006.04	1.03	0.96	1.38	1.12
	2006.10	0.96	0.93	1.53	1.14
	2007.01	1.03	0.93	1.23	1.08
	2007.10	1.03	1.01	1.46	1.17
	2008.10	1.01	1.06	1.42	1.16
	平均	1.05	0.97	1.31	1.11
ADCP-14	2005.01	1.12	0.86	1.12	1.03
	2005.04	1.06	0.81	1.26	1.04
	2006.04	1.05	0.84	1.54	1.14
	2006.10	1.04	0.96	1.71	1.24
	2007.01	0.98	0.87	1.35	1.07
	2007.10	0.98	0.85	1.51	1.11
	2008.10	1.02	0.87	1.63	1.17
	平均	1.03	0.87	1.45	1.12

（续表）

断　　面	日　　期	北　段	中　央	南　段	平　均
ADCP-16	2005.01	0.96	1.15	1.68	1.26
	2005.04	0.81	0.89	1.21	0.97
	2006.04	0.90	1.03	1.33	1.09
	2006.10	0.96	0.99	1.24	1.06
	2007.01	0.89	0.95	1.16	0.99
	2007.10	1.01	0.95	1.27	1.08
	2008.10	0.96	1.07	1.56	1.20
	平均	0.93	1.00	1.35	1.09

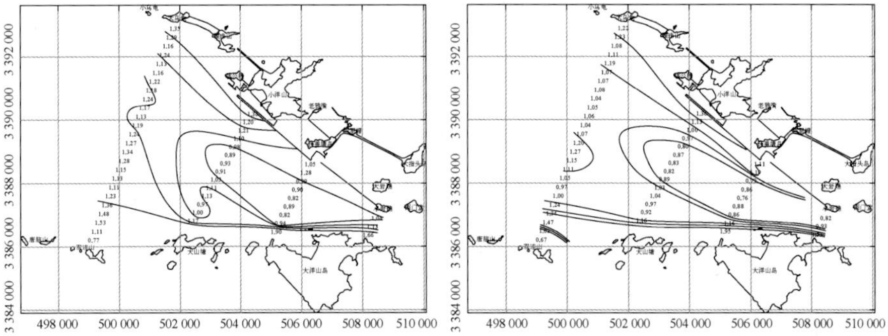

洋山港区200501测次落/涨流速比分布图　　洋山港区200504测次落/涨流速比分布图

(a)

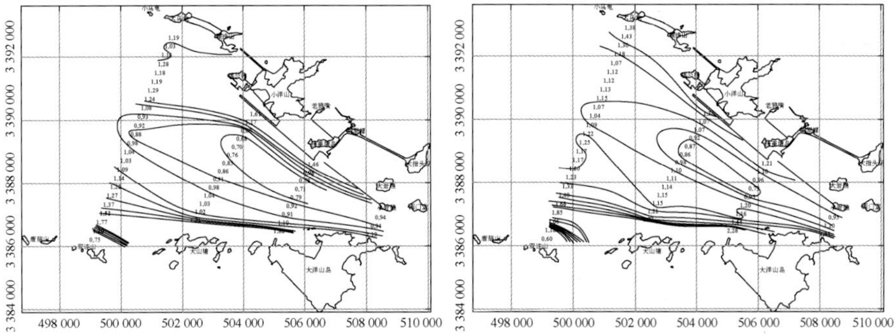

洋山港区200607测次落/涨流速比分布图　　洋山港区200610测次落/涨流速比分布图

(b)

图3-3　主通道海域落/涨流速比值分布图

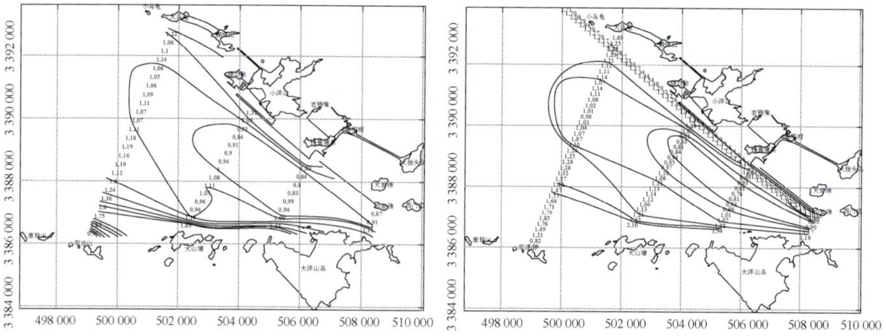

洋山港区200701测次落/涨流速比分布图　　洋山港区200710测次落/涨流速比分布图

(c)

图 3-3　主通道海域落/涨流速比值分布图(续)

随着洋山工程的进展,落涨潮流速比值也随着变化,在北围堰工程竣工后,全通道该比值为 1.03,涨、落潮流流速几乎相当。此后因海域南部落潮流增幅较大,该比值又渐恢复,平均约在 1.34 左右,落潮流明显占优(表 3-10)。

表 3-10　主通道海域历年横向落涨速比值

日　期	北　段	中　央	南　段	平　均
2005.01	1.14	1.04	1.26	1.15
2005.04(东侧北围堤封堵)	1.03	0.91	1.16	1.03
2006.04	1.03	0.98	1.38	1.13
2006.10	1.03	1.01	1.43	1.16
2007.01	1.00	0.97	1.25	1.07
2007.10	1.07	0.98	1.41	1.15
2008.10	1.04	1.03	1.50	1.19
东侧北围堤封堵后平均	1.05	0.99	1.34	1.13

主通道西北部尚存的颗珠山汊道,在涨、落潮流结构中有其明显特征。近颗珠山的汊道北侧涨潮流相对较强,东侧北围堤封堵后该比值平均为 0.88;而汊道中央和南侧落潮流相对较强,特别南侧比值为 2.29(表 3-11)。这种在潮流前进方向右侧的流速明显大于左侧的现象,在港湾海域短小峡道中普遍存在。

表 3-11　颗珠山汊道(ADCP-9)落涨潮流速比值

日　期	北　段	中　段	南　段	平　均
2003.12	1.30	1.70	2.47	1.82
2005.04	0.77	1.26	1.75	1.26

（续表）

日　期	北　段	中　段	南　段	平　均
2006.10	1.00	1.75	2.43	1.73
2007.01	0.83	1.44	2.12	1.46
2007.10	0.97	1.52	2.07	1.52
2008.10	0.85	1.98	3.08	1.97
平　均	0.88	1.59	2.29	1.59

3. 涨、落潮流历时

主通道潮流平均涨潮历时为5:53，落潮流历时6:28，落潮流比涨潮流历时长约半个多h。按通道纵向比较，自西口门向西自东口门，落潮流历时渐短，按断面ADCP-13、ADCP-12、ADCP-14和ADCP-16统计，落潮流历时分别长0:51、0:38、0:22和0:21，在东口门涨落潮历时略短；按通道横向比较，近北南两岛链水域，落潮流历时分别长0:46和0:58，南部落潮流历时最长，而通道中央仅为0:04，平均涨、落潮历时几乎相等，其中中部断面ADCP-12和ADCP-14，中央的涨潮历时长于落潮历时，长0:02～0:12（表3-12，图3-4）。

表3-12　主通道涨、落潮流历时　［单位：(h:min)］

断面	日期	北段		中段		南段		全断面		
		涨潮	落潮	涨潮	落潮	涨潮	落潮	涨潮	落潮	历时差
ADCP-13	2005.04	5:34	6:38	5:48	6:23	5:47	6:31	5:43	6:30	0:47
	2006.04	5:45	6:37	6:02	6:21	5:39	6:41	5:48	6:33	0:44
	2006.10	5:33	6:45	6:07	6:18	5:42	6:38	5:47	6:33	0:46
	2007.01	5:54	6:25	6:06	6:16	5:41	6:40	5:53	6:27	0:33
	2007.10	5:30	6:47	6:08	6:10	5:18	6:55	5:38	6:37	0:58
	2008.05	5:42	6:38	5:54	6:26	5:32	6:52	5:42	6:38	0:56
	2008.10	5:51	6:31	6:07	6:14	5:44	6:42	5:54	6:29	0:35
ADCP-12	2005.04	5:13	7:05	5:59	6:13	5:45	6:29	5:39	6:35	0:56
	2006.04	5:32	6:48	6:14	6:05	5:37	6:47	5:47	6:33	0:45
	2006.10	5:44	6:40	6:09	6:12	5:12	7:02	5:41	6:38	0:56
	2007.01	5:41	6:32	6:11	6:11	5:31	6:49	5:47	6:30	0:43
	2007.10	5:25	6:56	6:18	5:59	5:33	6:43	5:45	6:32	0:47
	2008.05	5:42	6:37	6:03	6:15	5:28	6:52	5:44	6:34	0:50
	2008.10	6:05	6:15	6:18	6:03	5:39	6:47	6:00	6:21	0:21

（续表）

断面	日期	北段		中段		南段		全断面		
		涨潮	落潮	涨潮	落潮	涨潮	落潮	涨潮	落潮	历时差
ADCP－14	2005.04	6:02	6:17	6:07	6:06	5:51	6:23	6:00	6:15	0:15
	2006.04	6:01	6:15	6:28	5:51	5:43	6:41	6:04	6:15	0:11
	2006.10	6:25	5:57	6:12	6:08	5:18	6:56	5:58	6:20	0:22
	2007.01	5:59	6:15	6:18	6:05	5:28	6:52	5:55	6:24	0:29
	2007.10	5:57	6:22	6:23	5:54	5:54	6:23	6:04	6:13	0:08
	2008.05	5:58	6:20	6:10	6:07	5:28	6:53	5:52	6:26	0:34
	2008.10	6:09	6:08	6:21	5:59	5:44	6:40	6:04	6:15	0:11
ADCP－16	2005.04							6:02	6:12	0:10
	2006.04							6:00	6:21	0:21
	2006.10	5:50	6:29	5:53	6:23	5:50	6:35	5:51	6:29	0:38
	2007.10	5:38	6:43	6:08	6:08	6:02	6:13	5:56	6:21	0:25
	2008.05	5:54	6:26	6:00	6:15	5:43	6:33	5:52	6:24	0:32
	2008.10	6:02	6:27	6:05	6:17	6:02	6:14	6:03	6:19	0:16

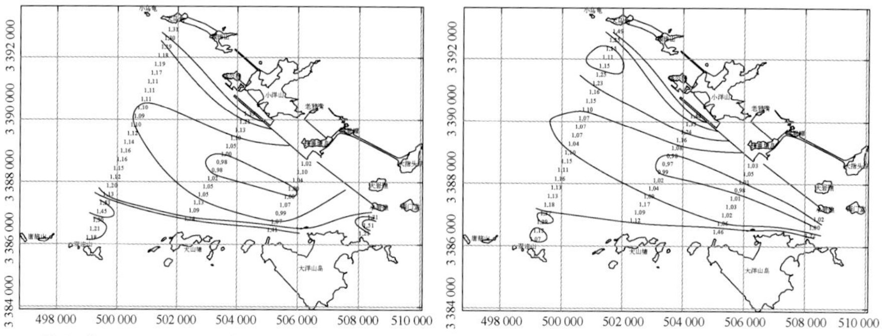

洋山港区200501测次落/涨历时比分布图　　洋山港区200504测次落/涨历时比分布图

(a)

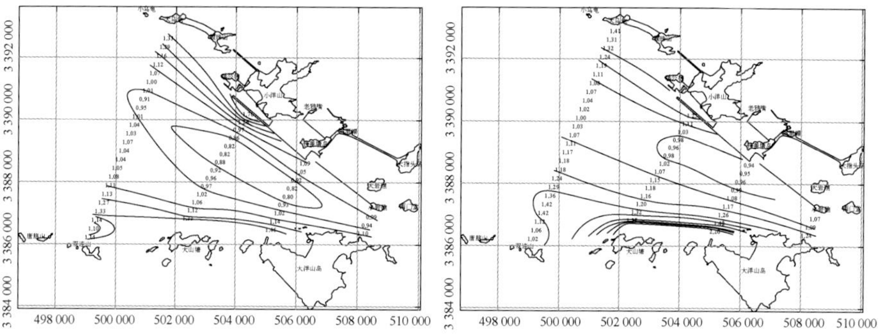

洋山港区200607测次落/涨历时比分布图　　洋山港区200610测次落/涨历时比分布图

(b)

图 3－4　主通道海域落/涨历时比值分布图

东侧北围堤封堵后，西口断面落潮流历时缩短了 23 min，涨潮流历时几乎不变，ADCP－12 和 ADCP－14 断面涨、落潮流历时变化均在10 min以内，变化很小，但在东口 ADCP－16 断面变化明显，落潮流历时将近缩短2 h，而涨潮流历时增长约 0.5 h。造成这现象的原因是封堵将军帽—大指头岛汊道前，该通道落潮流约以 120°左右的方向经东口小岩礁南侧下泄，而且下泄时间很长，比 ADCP－14 断面镬盖塘一侧落潮流下泄时间长约2 h，汊道封堵后，于 2005 年 4 月落潮流仍从镬盖塘—小岩礁汊口流出，但涨、落潮历时已有较多的缩短。此后随着汊道内抛填成陆工程的进展，至 2006 年 10 月，该汊道从东侧北围堤至镬盖塘—大岩礁一线完全封堵成陆，通道各断面的落潮流历时又逐渐增长，西口增长最少为 9 min，其他各断面均增加 30 min 左右；而涨潮流历时却缩短，东西两断面均缩短 35 min。

3.2.3 主通道海域涨落潮量

1. 各断面涨、落潮量

据主通道四个横断面涨落潮量平均统计：主通道中由落潮流经西口门流入港区的潮量为 41.56 亿 m^3，而由涨潮流经西口门流出港区的海域潮量约 35.16 亿 m^3；主通道中经东口门进入港区的涨潮量约 22.42 亿 m^3，流出港区的落潮量为 24.47 亿 m^3（表 3－13）。显然通道中落潮流量＞涨潮流量，这是由于二岛链组成的喇叭形通道大口迎着落潮流向有关。其中西口落潮流量多于涨潮流量 16％，而东口仅多 8％，这是因为尚存的三个汊道分流了由西口进入的落潮流量。颗珠山汊道平均涨、落潮量为 3.72 亿 m^3 和 5.82 亿 m^3，落潮量较涨潮量大 57％（表 3－14），为港区主要泄潮通道，分流了从西口门入港 14％的落潮流。南岛链两汊道落潮量分别为 8.27 亿 m^3 和 4.20 亿 m^3，各分流了入港 19％和 10％的落潮流量。加之主要从通道东口门外泄从西口门入港 58％的落潮流量，这样进出主通道的落潮流量基本保持平衡。对涨潮流而言，从西口门向西泄出的涨潮量有 64％、10％、18％和 7％分别来自东口门、颗珠山汊道和南岛链两汊道的涨潮量（图3－5）。

表 3-13　主通道海域各断面涨、落潮量　（单位：亿 m³）

断面	测次	涨潮				落潮			
		潮量	差值	变幅	占西口	潮量	差值	变幅	占西口
ADCP-13	2005.01	34.93			100	42.78			100
	2005.04	35.03	0.10	0	100	37.69	−5.09	−12	100
	2005.07	30.18	−4.85	−14	100	34.88	−2.81	−8	100
	2006.04	36.61	6.43	21	100	42.76	7.88	23	100
	2006.10	35.09	−1.52	−4	100	41.08	−1.68	−4	100
	2007.04	34.11	−0.98	−3	100	39.01	−2.07	−5	100
	2007.10	37.22	3.11	9	100	49.86	10.85	28	100
	2008.05	34.88	−2.34	−6	100	41.52	−8.34	−17	100
	2008.10	38.31	3.43	10	100	44.36	2.84	7	100
ADCP-12	2005.01	26.46			76	28.37			66
	2005.04	26.73	0.27	1	76	26.83	−1.54	−5	71
	2005.07	23.20	−3.53	−14	77	24.20	−2.63	−10	69
	2006.04	27.29	4.09	18	75	29.28	5.08	21	68
	2006.10	24.39	−2.90	−11	70	29.37	0.09	0	71
	2007.04	24.25	−0.14	−1	71	27.46	−1.91	−7	70
	2007.10	27.37	3.12	13	74	30.74	3.28	12	62
	2008.05	25.84	−1.53	−6	74	29.05	−1.69	−5	70
	2008.10	27.08	1.24	5	71	28.97	−0.08	0	65
ADCP-14	2005.01	27.28			78	26.98			63
	2005.04	25.36	−1.92	−7	72	24.11	−2.87	−10	64
	2005.07	22.45	−2.91	−12	74	22.60	−1.51	−7	65
	2006.04	25.84	3.39	15	71	26.56	3.96	18	62
	2006.10	22.82	−3.02	−12	65	26.96	0.40	2	66
	2007.04	23.29	0.47	2	68	25.33	−1.63	−6	65
	2007.10	25.48	2.19	9	68	26.03	0.70	3	52
	2008.05	24.97	−0.51	−2	72	27.75	1.72	7	67
	2008.10	26.80	1.83	7	70	27.65	−0.10	0	62
ADCP-16	2005.01	19.27			55	29.03			68
	2005.04	22.81	3.54	9	60	21.35	−7.68	−31	53
	2005.07	19.83	−2.98	−5	66	18.38	−2.97	−7	53
	2006.04	23.21	3.38	17	63	25.29	6.91	38	59
	2006.10	22.94	−0.27	−1	65	25.21	−0.08	0	61
	2007.10	24.99	2.05	9	67	25.41	0.20	1	51
	2008.05	23.90	−1.09	−4	69	26.51	1.10	4	64
	2008.10	24.23	0.33	1	63	26.04	−0.47	−2	59

2. 涨落潮量变化

2005年1月起在港区内进行4个横断面ADCP走航海流监测，每隔3个月观测一次。南北岛链中未堵汊道也进行了数次监测。取其中四个典型测次的海流资料，统计各断面的潮量列于表3－13中。根据表中所示东侧北围堤工程后，各断面涨、落潮量出现系统性变化。

(1) 东侧北围堤工程前后2005年1月与2005年7月围堤完全封堵后首次观测相比较，工程后各断面涨、落潮量均明显减小。涨潮量，ADCP－13断面由34.93亿m^3减至30.18亿m^3，减少了4.75亿m^3，减幅为14%，其他断面ADCP－12、ADCP－14和ADCP－16分别减少了3.26亿m^3、4.83亿m^3和增加0.56亿m^3，唯东口门略增3%；落潮量上述4个断面分别减少了7.90亿m^3、4.17亿m^3、4.38亿m^3和10.65亿m^3。显然东侧北围堤合拢后，总的来说各断面过潮量急剧减少，其中以东口门断面减少幅度最大，减幅达37%。若按涨、落潮量比较，总体上落潮量相对减少更多，各断面相对涨潮流趋势增强，特别是东口门，由工程前的落潮流占优势(比值为1.51)变为涨潮流略占优势(比值为0.93)。

(2) 东侧北围堤合拢后，即进行第三期东港区第二阶段工程，最终将汊道填土成陆至镬盖塘—小岩礁一线(2005年7月～2006年10月)。随着工程的进展，港区内各断面的潮量具有转向性的变化。其中2005年7月～2006年4月主通道潮量急转增大，各断面涨潮量增幅在15%～21%，其中东口断面涨潮量增大到23.21亿m^3，远远超过第一阶段工程后的19.83亿m^3的涨潮量；各断面落潮量增幅分别为18%～38%，增幅相对比涨潮量大，其中东口断面落潮量增加至25.29亿m^3，但仍比工程前29.03亿m^3的落潮量小(表3－13)。另根据工程前后主通道各断面及未堵汊道涨落进出潮量占西口(ADCP－13)断面的百分率统计(表3－14)发现，工程后从颗珠山汊道进出潮量增加，其中落潮量增加更明显。

表3－14　各汊道海域涨、落潮量　(单位：亿m^3)

断面	测次	涨潮				落潮			
		潮量	差值	变幅	占西口	潮量	差值	变幅	占西口
ADCP－9	2005.01	3.70			10	4.89			11
	2005.04	4.70	1.00	27.03	12	5.06	0.17	3.48	11
	2006.04	3.59	−1.11	−23.62	9	6.10	1.04	20.55	14
	2006.10	3.36	−0.23	−6.41	9	5.73	−0.37	−6.07	13

（续表）

断面	测次	涨潮				落潮			
		潮量	差值	变幅	占西口	潮量	差值	变幅	占西口
ADCP-9	2007.04	3.12	−0.24	−7.14	8	5.53	−0.20	−3.49	12
	2007.10	4.00	0.88	28.21	10	6.81	1.28	23.15	15
	2008.05	3.71	−0.29	−7.25	10	6.04	−0.77	−11.31	14
	2008.10	4.13	0.42	11.32	11	6.77	0.73	12.09	15
ADCP-22	2006.04	6.39				9.44			
	2006.10	7.50	1.11	17.37	20	8.12	−1.32	−13.98	18
	2007.04	6.27	−1.23	−16.40	16	7.58	−0.54	−6.65	17
	2007.10	5.85	−0.42	−6.70	15	10.17	2.59	34.17	23
	2008.05	5.91	0.06	1.03	15	6.74	−3.43	−33.73	15
	2008.10	6.54	0.63	10.66	17	7.70	0.96	14.24	17
ADCP-23	2006.04	2.07				3.40			
	2006.10	2.63	0.56	27.05	7	3.76	0.36	10.59	8
	2007.04	2.12	−0.51	−19.39	6	3.92	0.16	4.26	9
	2007.10	2.18	0.06	2.83	6	6.12	2.20	56.12	14
	2008.05	3.29	1.11	50.92	9	3.91	−2.21	−36.11	9
	2008.10	2.83	−0.46	−13.98	7	4.14	0.23	5.88	9

2006 年 4 月～2006 年 10 月，三期主要工程完成后为自然环境自动调整阶段，主通道潮量稳定无大变化，特别是落潮量基本不变，涨潮量略微减小(图 3-5)。

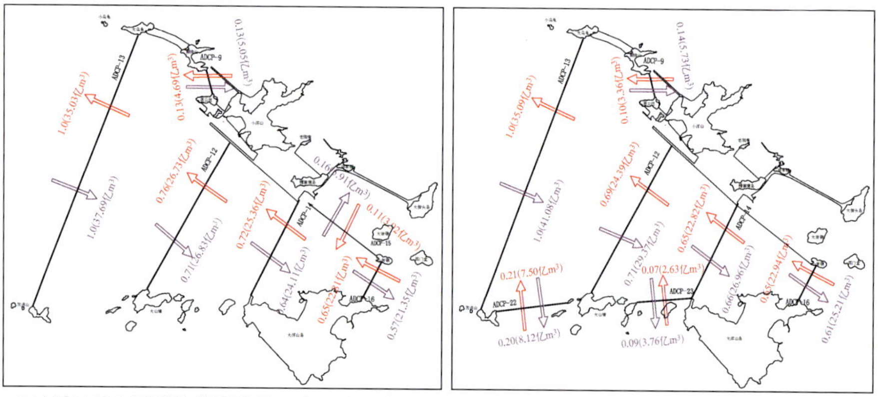

2005年4月各通道涨落潮潮量及分配比示意图　　2006年10月各通道涨落潮潮量及分配比示意图

(a)

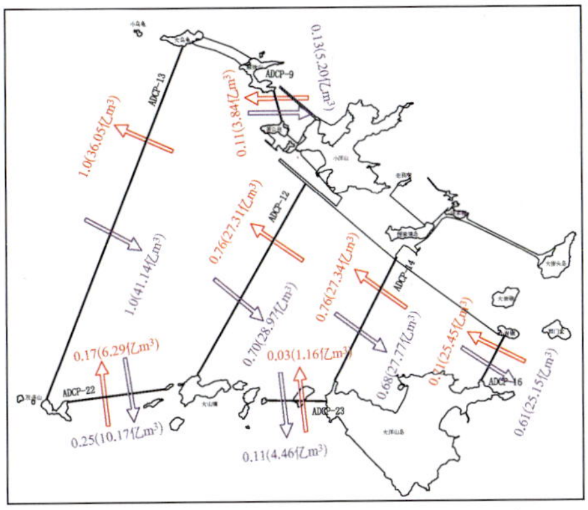

2007年1月各通道涨落潮潮量及分配比示意图

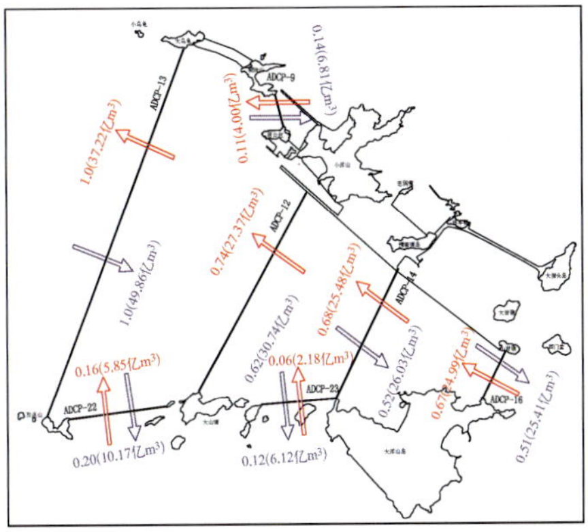

2007年10月各通道涨落潮潮量及分配比示意图

(b)

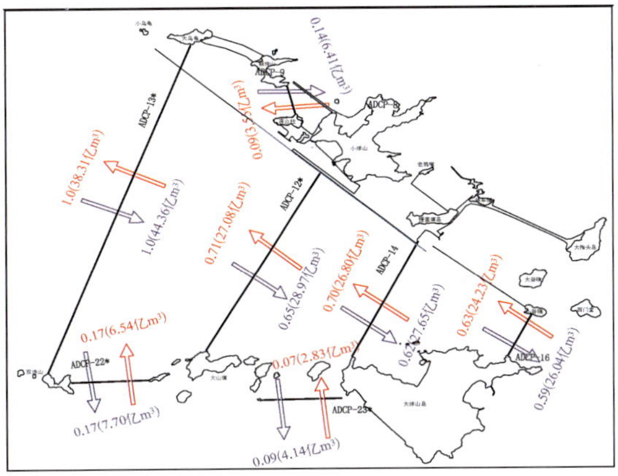

2008年10月各通道涨落潮潮量及分配比示意图

(c)

图 3－5　各通道大潮涨落潮量及分配比示意图

3.2.4　主通道海域潮位与潮流相位的变化

2005 年 1 月～2005 年 4 月，主通道三个横断面 ADCP－13、ADCP－12 和 ADCP－14 各中央部分，潮流开始发生涨憩转落潮流时间是在潮位高平后 1 h 40 min 至 2 h，比近南北岛链两侧发生涨憩转流约迟 0.5 h，即断面的两侧比中央约提早 0.5 h 由涨潮流转为落潮流；而由潮流的落憩转涨潮流在该三个断面上约发生在潮位低平后 1 h 至 1 h 20 min，且全断面差不多同时发生（表 3－15），这表明在一个全潮中，近两岸水域的落潮流历时比中央至少要长 1 h。

表 3-15　主通道各断面潮位与潮流相位差统计　[单位：(h:min)]

断　面	测次	涨憩(高平后)			落憩(低平后)		
		大乌龟端 (0～2 000 m)	中间 (2 000～5 500 m)	双连山端 (5 500～7 696 m)	大乌龟端 (0～200 m)	中间 (2 000～5 500 m)	双连山端 (5 500～7 696 m)
ADCP-13	2005.1	1:13	1:41	1:27	1:16	1:28	1:40
	2005.4	1:15	1:38	1:29	1:13	1:18	1:24
	2006.4	1:34	1:52	1:32	1:14	1:20	1:33
	2006.10	1:01	1:13	1:00	1:19	1:22	1:23
ADCP-12	测次	小样山端 (0～1 200 m)	中间 (1 200～3 200 m)	大山塘端 (3 200～4 470 m)	小样山端 (0～1 200 m)	中间 (1 200～3 200 m)	大山塘端 (3 200～4 470 m)
	2005.1	1:11	1:45	1:25	1:10	1:14	1:24
	2005.4	1:00	1:42	1:22	1:04	1:09	1:14
	2006.4	1:39	2:01	1:20	1:03	1:13	1:14
	2006.10	1:14	1:17	0:52	1:16	1:21	1:32
ADCP-14	测次	镬盖塘端 (0～800 m)	中间 (800～2 000 m)	大洋山西端 (2 000～2 831 m)	镬盖塘端 (0～800 m)	中间 (800～2 000 m)	大洋山西端 (2 000～2 831 m)
	2005.1	1:14	1:45	1:29	0:50	1:13	1:22
	2005.4	1:22	1:41	1:24	0:49	1:05	1:13
	2006.4	1:41	1:57	0:58	0:49	0:54	1:10
	2006.10	1:15	1:10	0:44	0:55	1:15	1:25
ADCP-16	测次	小岩礁 (0～300 m)	中间 (300～700 m)	双连山端 (700～1 012 m)	小岩礁 (0～300 m)	中间 (300～700 m)	双连山端 (700～1 012 m)
	2005.1	1:19	1:05	1:22	1:22	1:40	1:12
	2005.4	1:34	1:42	1:16	1:00	1:06	1:04
	2006.4	1:40	1:48	1:29	0:57	1:10	1:00
	2006.10	1:02	1:10	0:53	1:01	1:16	0:58

进一步对照前述一、二期码头前水域三个横断面 ADCP-11、ADCP-12 和 ADCP-13 中潮流相位关系变化的比较中，在洋山港工程前(2002 年 10 月)，一期码头和二期码头工程前沿涨憩转流分别发生在潮位高平后 1 h 16 min和 43 min，到一期北围堤完工后(2003 年 9 月)一期码头前沿涨憩转流时间提前至高平后 21 min，到进港海堤工程完工后(2004 年 5 月)，二期码头前沿涨憩转流时间提前 37 min。这种在洋山工程前同一个横断面上同时发生涨落憩转流的通常流况，至一、二期工程后变成在岛链两侧边涨憩转

流时间比中央提早约 1～1.5 h 的变化，这种潮位和潮流相位的变化，提示一、二期工程后，主通道内流况必然会有相应的调整。

第三期码头工程后潮动力分析与小结如下。

(1) 第三期码头工程主要是封堵北岛链四个汊道中最近东口门且规模最大的汊道，该汊道北口为将军帽—大指头岛，南口为镬盖塘—小岩礁，区间约有 3.5 km^2 的水域。工程分为：第一阶段封堵北口，建筑东侧北围堤；第二阶段封堵南口，并土填汊道水域，连接镬盖塘和小岩礁，使已建的约有 3 km 长的一、二期码头向东延伸 2.6 km，形成一长达 5.6 km 的顺直岸线。三期工程对港区自然地理环境，特别潮动力的变化影响很大。

(2) 第一阶段东侧北围堤工程后，主通道水域流速明显变慢，其中以落潮流速变慢最多，西、东两口门分别变慢 12%和 18%。由此也造成潮流发生结构性变化，落涨潮流比值平均从 1.13 降至 0.99，减幅 12%，其中以东口水域降低最多，从 1.21 降至 0.94，减幅 22%，流场由落潮流优势转为涨潮流优势。

在潮量方面，第一阶段工程后，无论涨潮流量或落潮流量均剧减，各断面平均涨潮量由 27.0 亿 m^3 减至 23.9 亿 m^3，减幅 11%，落潮流量由 21.8 亿 m^3 减至 25.0 亿 m^3，减幅 21%，其中以东口门减幅最大，达 37%，而各断面落潮流量比涨潮流量减幅更大。同样按涨潮量与落潮流量比值来比较，各断面落潮流优势转为涨潮流优势。

(3) 第二阶段工程为最终填平北岛链中规模最大且紧靠东口门的汊道。消除了第一阶段工程后在东口门附近形成袋装的纳湖水域，随之使通道水域潮动力发生变化，通道水域涨、落潮流速转而明显增大。涨潮流速水域平均增幅约 3%，而落潮流速水域平均从 0.58 m/s 增至 0.96 m/s，增幅为 13%，其中东口门增幅最大达 19%，随之落涨流速比值从 0.99 增至 1.09，增幅为 10%，通道水域内又恢复落潮流占优势，其中西口门比值为 1.16，落潮流优势更明显，港区南北两岸水域比中央水域落潮流相对更强。

第二阶段工程后通道潮量也急速增加。通道各断面涨、落潮流量反转增加，由断面平均落潮流量从 25.0 亿 m^3 增至 31.0 亿 m^3，增幅为 24%，而涨潮流量从 23.9 亿 m^3 增至 28.2 亿 m^3，增幅为 18%，落涨潮流量比由第二阶段工程前的 1.04 增至 1.29。根据通道潮量的比较，第三期工程期间有急转性的变化，两个阶段工程后总的使断面平均落潮流量减少 0.8 亿 m^3，而涨潮流量增加 1.2 亿 m^3，表明工程后港区水域落潮优势有所减弱。

(4) 第三期工程后北岛链尚存在颗珠山汊道潮量有明显的变化，其 ADCP－9 断面工程后落潮流量由 4.89 亿 m^3 增加至 6.10 亿 m^3，增幅为 25%，涨潮流量由 3.70 亿 m^3 略减至 3.59 亿 m^3，减幅为 3%。工程后落潮流量的剧增，分泄了堵汊后港区向东汇聚的落潮水沙量，对平衡港区水沙运动起着重要作用。

(5) 第三期工程后，近岸水域的潮流与潮位的相位关系发生了一定的变化，最明显的是使潮流涨憩转流的时间提前，在一、二期码头前 500 m 水域内从高平潮后约 1 h 左右提前至高平潮后 20 min，近岸潮波运动更接近于驻波性质，但港区中央水域涨憩转流时间仍保持不变，仍发生在高平潮后 1.5 h 左右，由此造成港区水域在潮流转流期间同一横断面上出现逆向水流，由此通道在转流期间产生周期性的潮汐环流。

3.3 工程后海域泥沙特征和运动

3.3.1 含沙量空间分布和时间变化特征

1. 表层含沙量

据小洋山码头历年逐日高、低潮时表层含沙量观测统计(表 3－16)，从 1998～2007 年，表层含沙量呈递减趋势，年平均值在 2002 年工程前平均为 0.90 kg/m^3，工程后除了 2004 年因在一、二期码头前大规模的疏浚工程，造成码头前含沙量增大到高于 0.93 kg/m^3，明显逐年减少，平均为0.79 kg/m^3。2005～2007 年减少至 0.80～0.71 kg/m^3。

表 3－16　小洋山码头站逐月实测表层含沙量统计表　(单位：kg/m^3)

年＼月	1	2	3	4	5	6	7	8	9	10	11	12	年平均
1998	1.28	1.12	1.46	1.13	0.80	0.70	0.36	0.24	0.64	0.77	0.95	1.21	0.89
1999	1.14	1.29	1.08	1.26	0.85	0.62	0.43	0.33	0.60	0.58	1.05	0.96	0.85
2000	0.80	1.06	1.02	1.04	0.82	0.58	0.47	0.57	0.96	0.89	1.07	1.25	0.88
2001	1.50	1.32	1.48	1.24	0.63	0.57	0.42	0.35	0.54	0.81	1.00	1.13	0.92
2002	1.64	1.69	1.47	1.27	0.85	0.41	0.62	0.25	0.48	0.56	1.02	1.06	0.94
2003	1.42	1.49	1.36	1.29	0.87	0.50	0.19	0.22	0.37	0.72	0.87	1.11	0.87
2004	1.16	1.34	1.33	1.15	0.82	0.49	0.35	0.38	0.80	1.12	1.06	1.16	0.93

（续表）

年＼月	1	2	3	4	5	6	7	8	9	10	11	12	年平均
2005	1.03	1.01	1.13	1.05	0.83	0.48	0.26	0.40	0.45	0.61	0.77	1.38	0.78
2006	1.34	0.99	1.28	1.01	0.82	0.46	0.55	0.30	0.50	0.66	1.00	0.93	0.80
2007	0.95	0.90	0.93	0.92	0.78	0.70	0.31	0.39	0.43	0.54	0.72	0.97	0.71
平均	1.23	1.22	1.25	1.14	0.81	0.55	0.3	0.34	0.58	0.73	0.95	1.12	0.86

表层含沙量季节变化明显，冬季 12 月至翌年 3 月含沙量较高，一般多年平均为 1.20～1.25 kg/m^3，最高为 2002 年 2 月达 1.69 kg/m^3；夏季 6 月～9 月含沙量较低，一般为 0.35～0.60 kg/m^3，其中最低纪录为 2003 年 7 月的 0.19 kg/m^3，一般冬季为夏季的 4～5 倍。从表中还可以看出，工程前月平均最低值往往在 8 月份，工程后提前至 7 月份。

2. 洋山及其邻近海域含沙量

据洋山港区表层含沙量观测表明，季节变化非常明显。在进行工程前后水体中悬沙浓度比较时，必须对分析所采用的样本按月份进行订正后比较才合理，例如，将不同年份 1 月与 5 月所测得的资料进行比较时，须将 5 月的含沙量值乘以系数 1.52(1 月和 5 月平均含沙量的比值)，其他各月相比较也按此方法类推。

洋山港区内外于三期东侧北围堤工程前(2004.5)进行了 15 个测站大中小潮的水文泥沙监测；工程后约 1 年(2006.5)进行了 18 个测站的水文泥沙观测；于三期码头工程后(2007 年 4 月)进行了 17 个测站的观测。经统计三次施测水域的潮段平均含沙量值列入表 3－17 中。

表 3－17　洋山及其邻近海域水域平均含沙量　　（单位：kg/m^3）

潮况	2004.5			2006.5			2007.4		
	涨潮	落潮	涨潮	涨潮	落潮	平均	涨潮	落潮	平均
大潮	1.90	1.81	2.14	2.15	2.15	1.86	2.85	2.69	2.77
中潮	1.49	1.22	1.87	1.80	1.84	1.36	1.07	0.95	1.01
小潮	0.68	0.63	0.42	0.44	0.43	0.56	0.90	0.76	0.83
平均	1.36	1.22	1.43	1.46	1.47	1.29	1.61	1.47	1.54

表中 2004 年 5 月所测得的平均含沙量为 1.29 kg/m^3，其中涨潮为 1.36 kg/m^3，落潮为 1.22 kg/m^3，涨潮含沙量大于落潮，落涨比值为 0.90。

涨潮含沙量大潮为 1.90 kg/m³，小潮为 0.68 kg/m³，大潮是小潮的 2.8 倍；落潮含沙量大潮为 1.81 kg/m³，小潮为 0.63 kg/m³，大潮是小潮的 2.9 倍。

2006 年 5 月所测涨、落潮平均含沙量为 1.47 kg/m³，其中涨潮为 1.48 kg/m³，落潮为 1.46 kg/m³，涨、落潮含沙量基本相当。涨潮含沙量大潮为 2.14 kg/m³，小潮为 0.42 kg/m³，大潮是小潮的 5.1 倍；落潮含沙量大潮为 2.15 kg/m³，小潮为 0.44 kg/m³，大潮是小潮的 4.9 倍；从上述东侧北围堤工程前至工程后一年，洋山水域含沙量总体在增加，其中涨潮增加 9%，落潮增加 20%，落潮含沙量增加较多，使工程前落潮含沙量小于涨潮的现象转变成涨、落潮含沙量基本相当。

2007 年 4 月所测平均含沙量为 1.54 kg/m³，落涨沙量比值为 0.91，涨潮含沙量相对较大。涨潮含沙量大潮为小潮的 3.2 倍，而落潮时大潮为小潮的 3.5 倍。大潮含沙量远比小潮要大，与上一年相比较，涨潮平均含沙量增加 13%，落潮含沙量基本不变。比较上述工程之后，三年期间，含沙量在逐年增加，特别涨潮含沙量增加更大。

3. 洋山主通道外部海域含沙量

表 3-18 显示，小洋山北侧水域（N_1～N_3）平均含沙量为 1.28 kg/m³，其中三站大、中、小潮平均含沙量为 1.22 kg/m³，落潮为 1.35 kg/m³，大洋山以南水域为 1.21 kg/m³，其中涨潮平均含沙量为 1.17 kg/m³，落潮为 1.25 kg/m³，东部航道水域含沙量仅在 1.00～0.50 kg/m³，与洋山港区大部分水域不同，南北水域落潮含沙量均大于涨潮含沙量。此外，港区通道水域平均含沙量高于南北水域约 30%，部分呈现出受港区疏浚工程的影响（表 3-18，表 3-19）。

表 3-18　2004 年 5 月洋山近邻海域潮段平均含沙量　（单位：kg/m³）

海　域	站名	涨　潮				落　潮			
		大潮	中潮	小潮	平均	大潮	中潮	小潮	平均
小洋山北部海域	N_1	1.14	6.80	0.42	0.77	1.61	0.86	0.33	0.95
大洋山以南海域	S_1	1.62	1.10	0.66	1.13	1.56	0.77	0.62	0.98
洋山东部海域	E_1	1.82	1.68	0.86	1.45	1.80	1.35	0.73	1.30
	P_4	1.02	0.83	0.48	0.78	1.42	0.78	0.47	0.89

（续表）

海 域	站名	涨 潮				落 潮			
		大潮	中潮	小潮	平均	大潮	中潮	小潮	平均
洋山东航道	H_5	1.06	0.78	0.86	0.90	1.19	0.69	0.49	0.80
	H_3	0.95	1.38	0.62	0.98	1.01	1.35	0.63	1.00

表 3-19 2006 年 5 月洋山南北水域潮段平均含沙量 （单位：kg/m^3）

海 域	站名	涨 潮				落 潮			
		大潮	中潮	小潮	平均	大潮	中潮	小潮	平均
大乌龟山	N_3	1.58	1.23	0.31	1.06	2.07	1.50	0.44	1.33
小洋山北	N_2	1.43	1.34	0.19	1.16	1.76	1.54	0.36	1.32
将军帽	N_1	2.77	1.36	0.18	1.43	2.51	1.37	0.28	1.39
大洋山以南	S_1	1.64	1.57	0.30	1.17	1.72	1.75	0.29	1.25

表 3-20 2007 年 4 月洋山近邻海域潮段平均含沙量 （单位：kg/m^3）

海 域	站名	涨 潮				落 潮			
		大潮	中潮	小潮	平均	大潮	中潮	小潮	平均
小洋山北部海域	N_2	2.15	0.57	0.50	1.07	2.33	0.77	0.36	1.15
大洋山南部海域	S_1	1.75	0.79	0.42	0.99	1.80	0.62	0.69	1.03

4. 主通道海域含沙量平面分布

三期工程前(2004.5)所测(表 3-21)，两口门内港区平均含沙量为 1.36 kg/m^3，其中涨、落潮各为 1.44 kg/m^3 和 1.27 kg/m^3，涨潮含沙量比落潮高。东口门含沙量为 1.37 kg/m^3，其中涨、落潮平均含沙量分别为1.45 kg/m^3和 1.29 kg/m^3。西口门平均含沙量为 1.23 kg/m^3，其中涨、落潮平均含沙量分别为 1.34 kg/m^3 和 1.13 kg/m^3，东口门断面含沙量比西口断面大。同时除通道中 P_1 站外，涨潮含沙量比落潮含沙量大，与三期工程后(2006.5)相比较，工程后港区内平均含沙量增加 10%左右，其中西口门含沙量增加最多，增幅达 28%，而其中又以落潮含沙量增幅最大。

表 3-21　2004 年 5 月主通道海域平均含沙量统计　（单位：kg/m^3）

海　域	站名	涨　潮				落　潮			
		大潮	中潮	小潮	平均	大潮	中潮	小潮	平均
西口门	W_3	2.21	1.86	0.65	1.58	2.04	1.67	0.58	1.43
	W_2	2.09	0.75	0.55	0.33	1.73	0.65	0.54	1.01
	W_1	1.82	1.46	0.65	1.31	1.47	0.80	0.67	0.98
工作船码头	M_6	2.39	2.10	0.81	1.77	2.12	1.50	0.69	1.43
二期码头	M_9	1.69	2.20	0.75	1.21	1.23	0.70	0.57	0.83
一期码头	M_4	2.17	2.09	0.75	1.67	1.65	1.25	0.77	1.23
东口门	E_1	1.82	1.68	0.86	1.45	1.80	1.35	0.73	1.29
主通道	P	1.76	1.76	0.78	1.43	1.95	1.39	0.98	1.57
	X_1	2.09	2.21	1.00	1.77	2.01	1.62	0.81	1.48

据 2006 年 5 月资料统计，在东、西口门之间港区水域平均含沙量为 1.57 kg/m^3，其中涨潮为 1.62 kg/m^3，落潮为 1.52 kg/m^3，西口门平均含沙量为 1.57 kg/m^3，其中涨潮为 1.61 kg/m^3，落潮为 1.43 kg/m^3，东口门平均含沙量为 1.51 kg/m^3，其中涨潮为 1.56 kg/m^3，落潮为 1.47 kg/m^3，西口门含沙量略大于东口门，港区水域及两口门涨潮含沙量均大于落潮含沙量（表 3-22）。

表 3-22　2006 年 5 月主通道海域平均含沙量　（单位：kg/m^3）

海　域	站名	涨　潮				落　潮			
		大潮	中潮	小潮	平均	大潮	中潮	小潮	平均
西口门	W_3	2.06	2.44	0.54	1.68	2.38	2.42	0.39	1.73
	W_2	2.22	1.94	0.25	1.47	0.91	1.74	0.24	0.96
	W_1	2.50	2.12	0.41	1.68	2.59	1.75	0.43	1.59
西港区	K_4	2.21	1.87	0.50	1.53	1.83	1.65	0.44	1.31
工作船码头	K_5	2.78	2.18	0.27	1.75	2.60	1.61	0.44	1.55
二期码头	M_2	2.58	1.94	0.49	1.67	2.17	2.01	0.53	1.57
一期码头	M_4	2.10	2.64	0.54	1.75	2.08	2.68	0.53	1.76
东口门	SZK	2.35	1.89	0.45	1.56	2.32	1.64	0.43	1.47
主通道	P_1	2.04	1.70	0.41	1.38	2.34	1.66	0.37	1.46
	P_2	2.20	2.16	0.70	1.69	2.29	1.74	0.35	1.46

主通道水域中以近岸的一、二期码头前水域含沙量最高。工作船码头、二期码头和一期码头前平均含沙量分别为 1.65 kg/m^3、1.62 kg/m^3 和 1.76 kg/m^3，均高出主通道平均含沙量，其中又以一期码头前含沙量最高，且涨、落潮含沙量相当，其他涨潮含沙量均大于落潮含沙量：西港区含沙量较小，平均 1.42 kg/m^3。其中涨潮含沙量明显高于落潮含沙量。

三期工程结束后于2007年4～5月和2008年4～5月分别对洋山全海域进行了19个测站的水文大面积定点周日连续观测。据2007年观测统计(表3-23)，港区海域平均含沙量为1.55 kg/m³，其中涨、落潮含沙量分别为1.64 kg/m³和1.46 kg/m³，涨潮含沙量略大，通道中部平均为1.39 kg/m³，其中涨、落潮含沙量分别为1.49 kg/m³和1.29 kg/m³；通道南部平均为1.60 kg/m³，涨落潮含沙量分别为1.77 kg/m³和1.43 kg/m³。全海域除通道中西部(W_2、P_1)落潮含沙量略大于涨潮含沙量外，其余涨潮含沙量均大于落潮含沙量；港区海域含沙量呈北低南高，东小西大的分布格局(图3-6)。另据2008年观测统计(表3-24)，港区海域平均含沙量为1.84 kg/m³，其中涨、落潮分别为2.11 kg/m³和1.59 kg/m³，含沙量比2007年分别增加19%、29%和9%，涨潮含沙量增幅较大；而其中通道中部平均含沙量为2.48 kg/m³，无论涨、落潮含沙量都比2007年剧增，平均增加20%；通道南平均含沙量为1.77 kg/m³，增加11%；汊道平均含沙量为1.89 kg/m³，增加8%。由比较可知，据定点观测资料比较，综上，全海域2007年和2008年平均含沙量分别为1.55 kg/m³和1.84 kg/m³，一年增幅约19%，含沙量增幅相当可观。而且分布上与2007年明显不同，在通道中部偏北出现一高含沙量区，而在西部颗珠山汊道外呈现一低含沙量区(图3-7)。

表3-23　2007年4月洋山主通道潮段平均含沙量　(单位：kg/m³)

海　域		站名	涨　潮				落　潮			
			大潮	中潮	小潮	平均	大潮	中潮	小潮	平均
西口门	近大乌龟	W_3	4.08	1.57	1.79	2.48	3.99	1.33	1.16	2.16
	通道中央	W_2	2.94	1.19	1.23	1.78	3.52	1.33	0.89	1.91
	近双连山	W_1	2.74	1.14	0.74	1.54	2.14	0.95	0.59	1.22
通道北	西港区	K_4	2.81	1.14	0.97	1.64	2.92	1.25	0.51	1.56
	工作船码头	K_5	2.62	0.97	0.71	1.43	2.55	0.87	0.35	1.26
	二期码头	M_2	3.05	1.38	0.77	1.73	2.71	1.04	0.97	1.57
	一期码头	M_4	2.76	1.02	0.87	1.55	2.51	0.80	1.17	1.49
	三期码头	M_{11}	2.82	1.11	0.48	1.47	2.01	0.91	0.79	1.23
通道中	蒋公柱南	P_1	2.62	1.06	0.62	1.43	2.91	1.08	0.49	1.49
	二期码头南	P_2	2.86	0.71	1.09	1.55	2.38	0.45	0.44	1.09
通道南	大山塘西北	DS_1	3.11	1.25	0.94	1.77	2.93	0.96	0.53	1.47
	大山塘东北	DS_2	2.94	1.35	0.98	1.76	2.60	1.00	0.61	1.40
东口门	小岩礁	XY_5	3.10	0.62	0.66	1.46	2.32	0.57	0.78	1.22
	西门堂西	DG_1	2.75	0.99	0.85	1.53	2.17	0.87	1.09	1.38
	大洋山东北	DZK	2.89	0.91	0.60	1.47	2.67	0.82	0.88	1.46

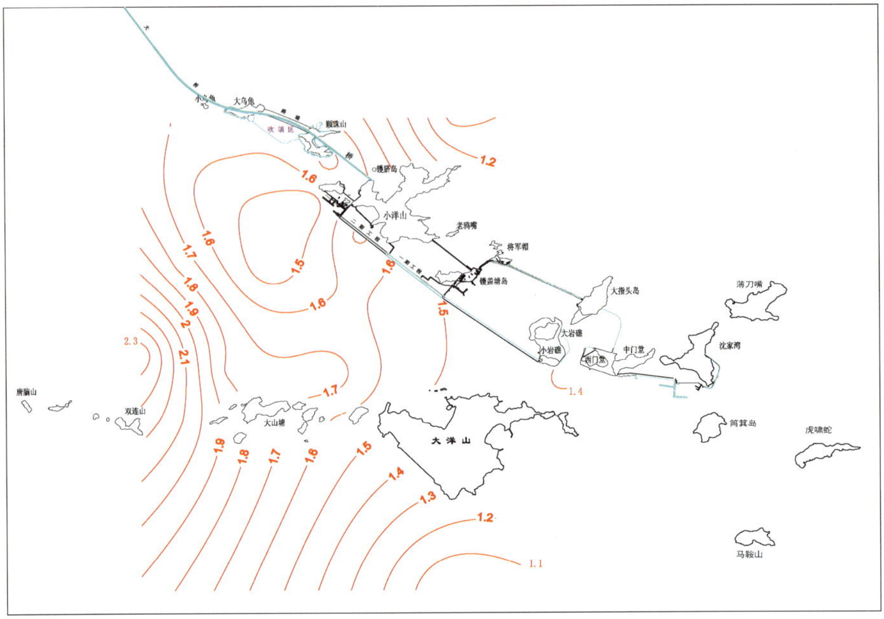

(a) 涨潮

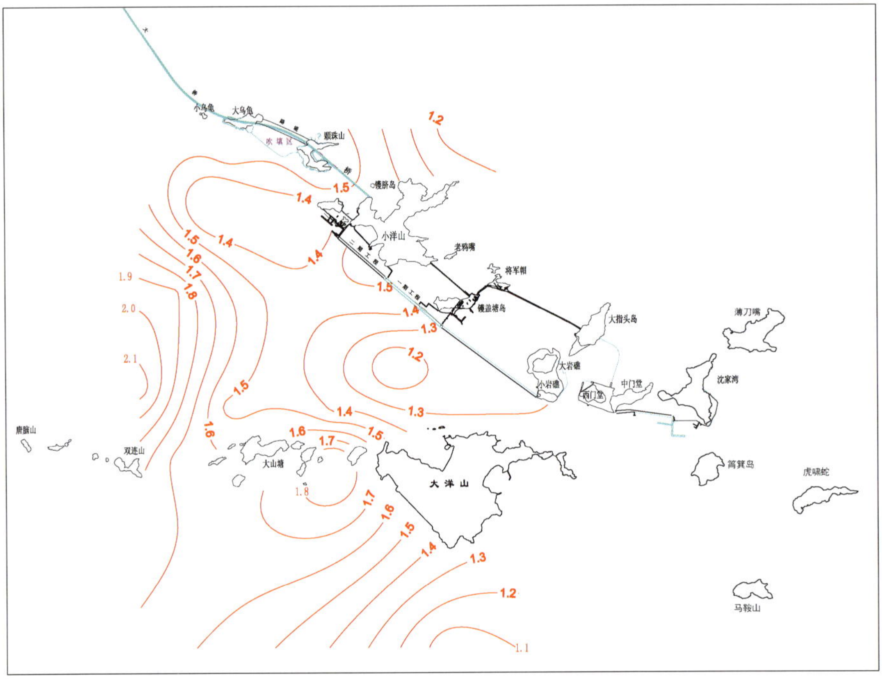

(b) 落潮

图 3-6　2007.04 洋山海域平均含沙量等值线图

表 3-24　2008 年主通道海域平均含沙量　（单位：kg/m³）

海　域	站名	涨　潮				落　潮			
		大潮	中潮	小潮	平均	大潮	中潮	小潮	平均
西口门	K_3	2.18	2.35	1.37	1.97	2.25	1.70	0.98	1.64
	K_4	2.06	2.18	1.40	1.88	2.14	1.66	1.14	1.64
西港区	W_1	2.27	1.42	0.59	1.43	1.54	0.83	0.44	0.93
	W_3	2.86	1.86	1.30	2.01	2.22	1.21	0.96	1.47
工作船码头	码头	2.77	2.27	0.93	1.99	2.02	1.79	0.94	1.58
	K_5	3.30	2.20	1.22	2.44	2.47	1.51	0.97	1.05
二期码头	M_2	3.11	3.10	2.42	2.87	2.04	2.44	1.44	1.97
一期码头	M_4	2.79	2.80	2.09	2.56	1.78	2.28	1.38	1.82
三期码头	M_{11}	2.38	2.27	1.46	2.04	1.54	1.67	1.02	1.41
通道中部	P_1	2.74	2.98	2.10	2.61	3.13	2.52	1.42	2.35
通道南部	双连山	2.91	1.95	1.12	1.99	1.90	1.48	0.93	1.43
	大洋山	2.68	1.54	0.96	1.73	2.26	2.07	1.42	1.92
东口门	小岩礁	2.18	2.16	1.28	1.88	1.57	1.69	1.04	1.44
平均		2.63	2.34	1.38	2.12	1.97	1.68	1.03	1.55

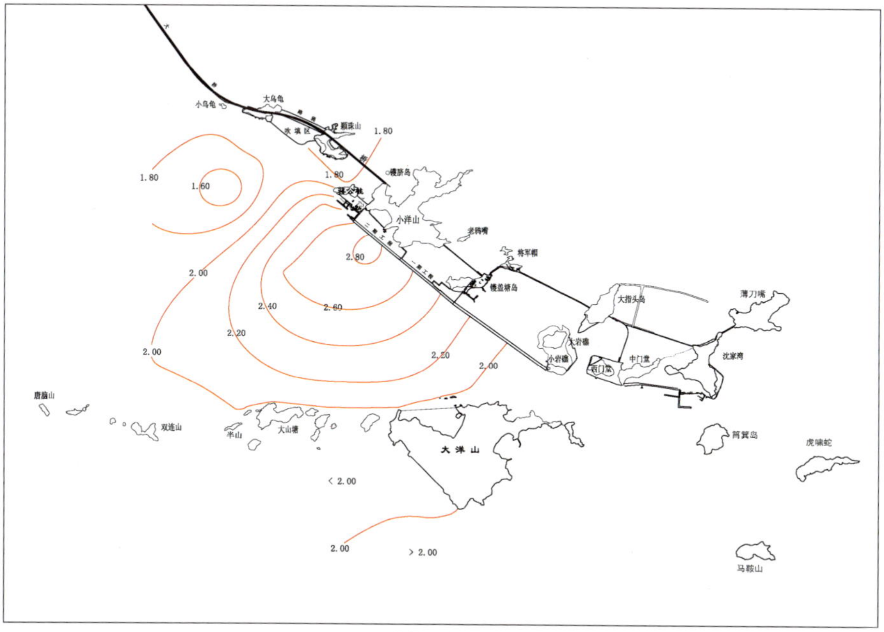

(a) 涨潮

图 3-7　2008.05 洋山海域平均含沙量等值线图

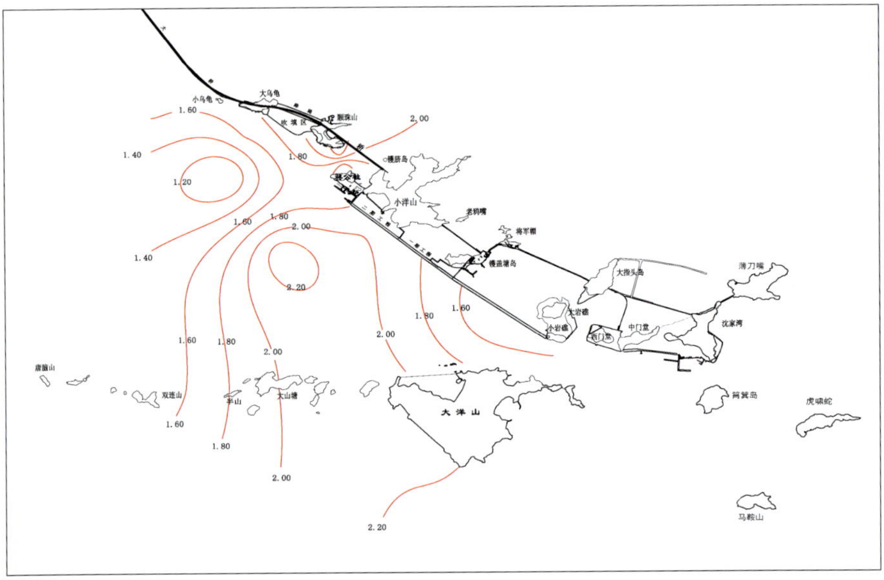

(b) 落潮

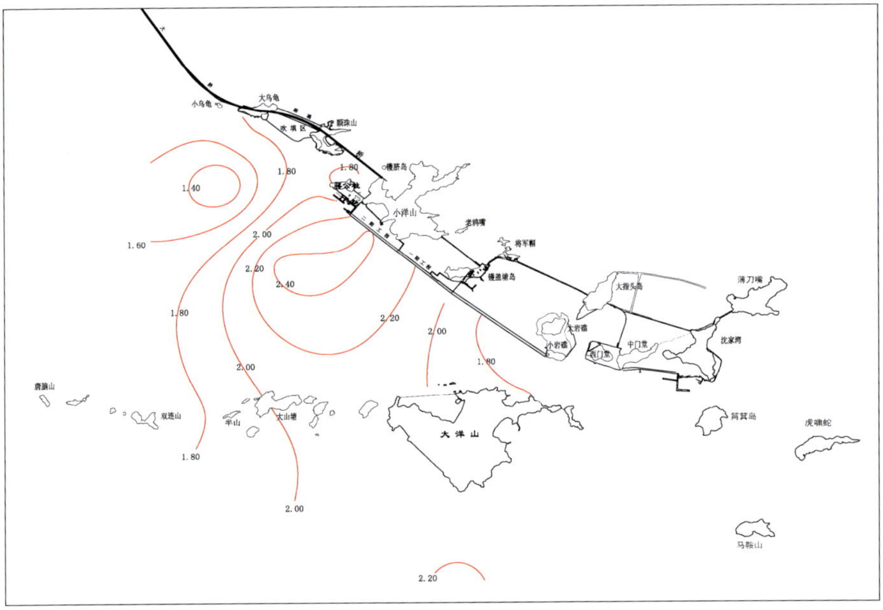

(c) 涨、落潮

图 3-7　2008.05 洋山海域平均含沙量等值线图(续)

2009 年 4 月在洋山深水港应用 ADCP 开展走航监测悬浮泥沙的研究工作，在主航道布设的 4 个断面和南北三个汊道进行了悬沙的观测，所测结果列于表 3-25 中。由表可见，全通道落潮平均含沙量 1.81 kg/m^3，涨潮平均含沙量 2.12 kg/m³，涨潮含沙量大于落潮。按通道纵向分布，涨潮含沙量中段较高为 2.12～2.65 kg/m³，西段较东段要高，分别为 1.90 kg/m³ 和 1.79 kg/m³。落潮含沙量分布较有规律，自西向东递减，从 1.88 kg/m³ 减至 1.64 kg/m³。通道内除西口门涨、落沙量相差不大外，各处均涨潮含沙量较高(图 3-8)。

表 3-25　2009 年 4 月主通道海域潮段平均含沙量　(单位：kg/m³)

海　域	断　面	涨　潮				落　潮				落沙/涨沙
		大潮	中潮	小潮	平均	大潮	中潮	小潮	平均	
西口门	ADCP-13	2.34	1.97	1.38	1.90	2.33	1.92	1.39	1.88	0.99
工作船码头	ADCP-12	3.11	2.58	2.27	2.65	2.64	1.72	1.22	1.86	0.70
一期码头	ADCP-14	2.84	2.02	1.50	2.12	2.32	1.87	1.34	1.84	0.88
东口门	ADCP-16	2.21	1.67	1.50	1.79	2.29	1.50	1.13	1.64	0.92
平　均		2.63	2.06	1.66	2.12	2.40	1.75	1.27	1.81	0.85

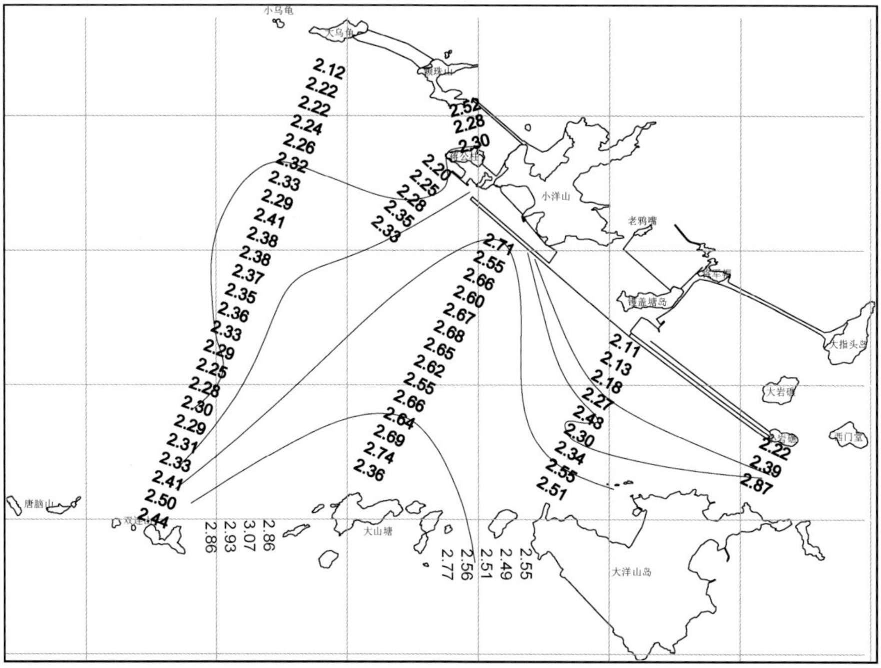

(a) 落潮

图 3-8　2009.04 洋山海域平均含沙量等值线图

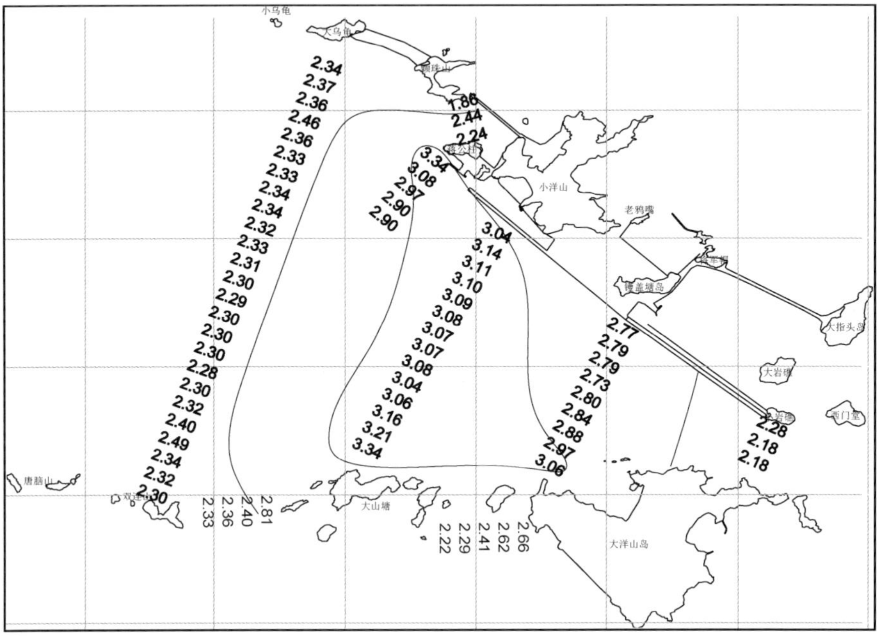

(b) 涨潮

图 3-8　2009.04 洋山海域平均含沙量等值线图(续)

5. 汊道海域含沙量

三期工程完成后，对南北岛链中尚存的汊道进行了四次悬浮泥沙的观测。该四次颗珠山汊道平均涨、落潮含沙量基本相等，分别为 1.64 kg/m^3 和1.58 kg/m^3，前二次观测涨潮含沙量大于落潮含沙量，落涨含沙量比值为 0.89，而从 2008 年后，反转成落潮含沙量较大，比值为 1.11。平均涨、落含沙量为 1.73 kg/m^3 和 1.91 kg/m^3。南岛链二汊道涨、落含沙量为 2.14 kg/m^{3}和 1.99 kg/m^3，涨潮含沙量略多于落潮含沙量，特别近期所测涨潮含沙量达 2.37 kg/m^3，落潮为 2.08 kg/m^3，比值为 0.88。按南北汊道相比较，南部汊道含沙量明显高于颗珠山汊道(表 3-26)。

表 3-26　汊道海域含沙量　　(单位：kg/m^3)

日期	汊　道	站名	涨　潮				落　潮				落沙/涨沙
			大潮	中潮	小潮	平均	大潮	中潮	小潮	平均	
2006.5	颗珠山—蒋公柱	K_1	2.09	1.70	0.30	1.36	1.59	1.19	0.40	1.06	0.78
		K_2	2.20	1.27	0.24	1.24	1.72	1.59	0.30	1.20	0.97

（续表）

日期	汊 道	站名	涨 潮				落 潮				落沙/涨沙
			大潮	中潮	小潮	平均	大潮	中潮	小潮	平均	
2006.5	双连山—大山塘	SC_1	2.69	2.02	0.48	1.73	2.68	2.36	0.46	1.83	1.06
		SC_2	2.46	2.22	0.71	1.80	2.49	2.23	0.55	1.76	0.98
	大山塘—大贴饼	SC_3	2.16	2.04	0.49	1.56	2.54	2.01	0.71	1.77	1.13
	平 均		2.32	1.97	0.44	1.58	2.20	1.88	0.48	1.52	0.96
2007.4	颗珠山—蒋公柱	K_1	3.04	1.14	1.05	1.74	2.61	1.09	1.16	1.62	0.93
		K_2	3.28	0.98	0.77	1.67	3.08	0.86	0.45	1.46	0.87
	双连山—大山塘	SC_1	3.25	1.49	1.66	2.13	2.96	1.27	0.76	1.67	0.78
	大山塘—大贴饼	SC_2	2.44	1.05	1.25	1.58	3.38	1.11	1.42	1.97	1.25
	平 均		3.00	1.17	1.18	1.78	2.90	1.08	0.95	1.68	0.94
2008.5	颗珠山—蒋公柱	K_1	2.03	1.88	1.20	1.71	2.48	2.84	1.57	2.30	1.35
		K_2	2.11	1.89	1.19	1.73	2.31	1.47	0.60	1.46	0.84
	双连山—大山塘	SC_1	2.31	2.23	1.11	1.88	2.62	1.42	0.86	1.63	0.87
	大山塘—大贴饼	SC_2	2.05	2.32	1.54	1.97	2.21	2.47	1.80	2.16	1.10
	平 均		2.53	2.20	1.39	2.04	2.20	1.87	1.14	1.74	0.85
2009.5	颗珠山—蒋公柱	ADCP-9	2.31	1.63	1.29	1.74	2.31	1.75	1.87	1.98	1.14
	双连山—大山塘	ADCP-22	2.42	2.79	2.20	2.47	2.92	1.94	1.32	2.06	0.83
	大山塘—大贴饼	ADCP-23	2.38	2.34	2.08	2.27	2.59	2.11	1.61	2.10	0.93
	平 均		2.37	2.25	1.86	2.14	2.61	1.93	1.60	2.05	0.96

6. 洋山海域含沙量垂线分布

根据2006年5月所测资料，逐站分层计算涨潮和落潮平均含沙量，并按不同水域取平均值列于表3-27。总体来说，不同水域垂线含沙量均呈自表层向底层逐渐增大的分布。若取表层含沙量为1，则实测水域涨、落潮平均含沙量各分层比值分别为1.00、1.25、1.43、1.59、1.75和1.99，底层含沙量约为表层的2倍，其中大洋山南侧水域为2.5倍，表底层含沙量差值最大，港区码头水域差值最小，约1.7倍。洋山海域除颗珠山汊道涨潮和落潮含沙量垂向梯度差别较大外，大部分海域垂向梯度涨落潮相差不大。

表 3-27　2006 年月全海域潮段平均含沙量垂线分布　（单位：kg/m³）

水域		涨潮							落潮						
		表	0.2	0.4	0.6	0.8	底	垂线平均	表	0.2	0.4	0.6	0.8	底	垂线平均
小洋山北	含沙量	0.83	0.98	1.11	1.25	1.41	1.61	1.19	0.91	1.13	1.32	1.44	1.57	1.72	1.36
	比值	1.00	1.18	1.34	1.51	1.70	1.94	1.44	1.00	1.21	1.41	1.55	1.69	1.85	1.46
大洋山南	含沙量	0.70	0.92	1.14	1.31	1.48	1.76	1.22	0.75	1.01	1.22	1.40	1.57	1.87	1.30
	比值	1.00	1.32	1.63	1.88	2.12	2.53	1.74	1.00	1.34	1.62	1.86	2.09	2.49	1.73
港区码头	含沙量	1.20	1.46	1.59	1.71	1.85	2.08	1.65	1.25	1.45	1.60	1.71	1.83	2.03	1.65
	比值	1.00	1.22	1.33	1.43	1.55	1.74	1.38	1.00	1.17	1.28	1.37	1.47	1.63	1.32
港区通道	含沙量	0.97	1.24	1.32	1.56	1.73	1.95	1.48	0.93	1.20	1.32	1.58	1.75	2.02	1.49
	比值	1.00	1.27	1.46	1.61	1.78	2.00	1.52	1.00	1.30	1.53	1.70	1.89	2.18	1.60
颗珠山汊道	含沙量	1.03	1.28	1.37	1.48	1.59	1.71	1.42	0.70	0.96	1.09	1.23	1.36	1.65	1.16
	比值	1.00	1.24	1.33	1.44	1.54	1.66	1.37	1.00	1.37	1.55	1.75	1.95	2.35	1.66
大洋山汊道	含沙量	1.26	1.51	1.67	1.79	1.92	2.12	1.72	1.22	1.53	1.75	1.91	2.14	2.40	1.83
	比值	1.00	1.20	1.32	1.42	1.52	1.68	1.36	1.00	1.25	1.43	1.57	1.76	1.96	1.50
全水域	含沙量	1.00	1.23	1.38	1.52	1.66	1.87	1.45	0.96	1.21	1.40	1.54	1.70	1.95	1.46
	比值	1.00	1.23	1.38	1.52	1.66	1.87	1.45	1.00	1.26	1.45	1.60	1.77	2.02	1.52

据港区海域各测站 2007 年 4 月的大中小潮观测资料(表 3-28)表明，涨潮时段，海域平均表层为 1.12 kg/m³，中层 1.72 kg/m³，底层增加为 2.20 kg/m³，表底层比为1.96；落潮时段表层1.01 kg/m³，中层1.55 kg/m³，底层增大为 2.03 kg/m³，表底层比为 2.01。据沙量资料统计，垂向自上而下按 6 层分层，若取表层沙量为 1，自上而下涨落潮平均各层与表层含沙量比值分布为 1.00、1.23、1.41、1.54、1.72、1.99，表底层附近悬沙浓度变化梯度较大，涨、落潮变化趋势一致。

表 3-28　2007 年 4 月全海域潮段平均含沙量垂线分布　（单位：kg/m³）

海域		站名	涨潮含沙量							落潮含沙量						
			表	0.2	0.4	0.6	0.8	底	垂线平均	表	0.2	0.4	0.6	0.8	底	垂线平均
外围	小洋山北部	N_2	0.78	0.85	0.98	1.07	1.25	1.57	1.06	0.88	1.02	1.16	1.30	1.40	1.59	1.22
	大洋山南部	S_1	0.61	0.81	1.01	1.16	1.35	1.73	1.10	0.58	0.76	0.91	1.07	1.17	1.41	0.98

（续表）

海域		站名	涨潮含沙量							落潮含沙量						
			表	0.2	0.4	0.6	0.8	底	垂线平均	表	0.2	0.4	0.6	0.8	底	垂线平均
港区通道	西港区	K_4	1.14	1.43	1.60	1.82	1.98	2.24	1.70	1.05	1.28	1.53	1.69	1.83	2.41	1.61
	工作船港区	K_5	0.98	1.15	1.32	1.58	1.82	2.08	1.48	0.96	1.07	1.18	1.33	1.57	1.79	1.30
	二期港区	M_2	1.38	1.56	1.66	1.81	1.89	2.00	1.72	1.25	1.44	1.57	1.62	1.69	1.79	1.57
	一期港区	M_4	1.28	1.39	1.51	1.59	1.67	1.88	1.55	1.25	1.37	1.44	1.50	1.61	1.84	1.49
	中港区	M_{11}	1.26	1.47	1.57	1.64	1.70	1.79	1.58	0.90	1.03	1.12	1.19	1.28	1.40	1.16
	小岩礁	XYJ	0.88	1.00	1.15	1.33	1.53	1.83	1.27	0.92	1.04	1.17	1.31	1.49	1.69	1.26
	东港池口门	DG_1	0.96	1.44	1.59	1.70	1.92	2.12	1.64	0.71	1.06	1.25	1.46	1.60	1.85	1.33
通道中部	西口门	W_1	1.02	1.26	1.47	1.67	1.91	2.19	1.58	0.86	1.06	1.18	1.32	1.50	1.71	1.27
		W_2	1.14	1.32	1.60	1.88	2.42	2.98	1.86	1.26	1.47	1.78	2.11	2.55	3.16	2.02
	蒋公柱—大山塘	P_1	0.85	1.25	1.46	1.59	1.75	2.00	1.50	1.02	1.36	1.49	1.64	1.78	1.97	1.56
	一期港区—大贴饼	P_2	0.99	1.30	1.51	1.72	1.92	2.10	1.60	0.72	0.90	1.09	1.23	1.36	1.58	1.15
通道南部	西口门	W_3	1.35	1.94	2.40	2.60	3.30	3.51	2.53	1.11	1.64	2.02	2.47	2.98	3.66	2.30
	大山塘西	DS_1	1.01	1.47	1.73	1.96	2.16	2.36	1.80	0.97	1.20	1.33	1.60	1.94	2.39	1.55
	大山塘东	DS_2	1.44	1.69	1.77	1.80	1.85	1.99	1.77	1.23	1.34	1.38	1.44	1.55	1.75	1.44
	东口门	DZK	1.09	1.34	1.52	1.67	1.85	2.03	1.59	0.83	1.00	1.13	1.25	1.38	1.56	1.19
汊道	颗珠山	K_1	1.22	1.48	1.64	1.79	2.01	2.70	1.78	1.07	1.27	1.47	1.67	1.99	2.73	1.66
		K_2	1.29	1.44	1.63	1.73	1.94	2.24	1.70	1.20	1.31	1.65	1.53	1.65	1.80	1.48
	双连山—大山塘	SC_1	1.64	1.90	2.10	2.28	2.43	2.78	2.18	1.10	1.46	1.98	1.81	1.98	2.18	1.71
	大山塘—大贴饼	SC_2	1.13	1.50	1.60	1.72	1.87	2.11	1.66	1.38	1.74	2.11	2.04	2.11	2.28	1.92
平均			1.12	1.38	1.56	1.72	1.93	2.20	1.65	1.01	1.23	1.43	1.55	1.73	2.03	1.48
比值			1.00	1.24	1.40	1.54	1.73	1.97	1.48	1.00	1.22	1.42	1.53	1.71	2.00	1.47

据港区海域各测站 2008 年 4 月的大、中、小潮观测资料（表 3－29）表明，海域平均含沙量在涨潮时段平均表层为 1.11 kg/m^3，中层 1.75 kg/m^3，底层为 2.24 kg/m^3，表底比约为 2.02；落潮时段表层为 1.00 kg/m^3，中层为 1.58 kg/m^3，底层为 2.10 kg/m^3，表底层比值为 2.10。垂向自上而下按 6 层分布，各层与表层含沙量的比值分别为 1.00、1.24、1.44、1.57、1.77、2.05。与 2007 年比较，可发现在调整期间，水体中含沙量在垂向上基本无变化。

表 3-29　2008 年 4 月全海域潮段平均含沙量垂线分布（单位：kg/m³）

水域		站名	涨潮						落潮					
			表层	0.2H	0.4H	0.6H	0.8H	底层	表层	0.2H	0.4H	0.6H	0.8H	底层
小洋山北	小洋山北	N_2	0.78	0.85	0.99	1.07	1.25	1.57	0.88	1.02	1.16	1.30	1.41	1.59
港区通道内	西口门	K_4	1.14	1.44	1.60	1.82	1.98	2.24	1.05	1.28	1.53	1.69	1.83	2.41
		W_1	1.02	1.26	1.47	1.67	1.91	2.19	0.86	1.06	1.18	1.32	1.50	1.71
		W_2	1.14	1.32	1.60	1.88	2.42	2.98	1.26	1.47	1.78	2.11	2.46	3.16
		W_3	1.35	1.94	2.40	2.60	3.30	3.15	1.11	1.64	2.02	2.47	2.98	3.66
	工作船码头	K_5	0.98	1.15	1.32	1.59	1.82	2.08	0.96	1.07	1.18	1.33	1.57	1.79
	东口门以西	P_1	0.85	1.25	1.46	1.59	1.75	2.00	1.02	1.36	1.50	1.64	1.78	1.97
		P_2	0.99	1.30	1.59	1.72	1.92	2.01	0.72	0.90	1.09	1.23	1.36	1.58
	主通道南部	DS_1	1.01	1.47	1.73	1.96	2.16	2.36	0.97	1.20	1.34	1.60	1.94	2.39
		DS_2	1.44	1.69	1.770	1.80	1.85	1.99	1.23	1.34	1.38	1.44	1.55	1.75
	中港区	M_{11}	1.26	1.47	1.57	1.64	1.70	1.79	0.90	1.04	1.12	1.19	1.28	1.41
	东口门以东	DG_1	0.96	1.44	1.59	1.70	1.92	2.12	0.71	1.06	1.25	1.46	1.60	1.85
汊道内	颗珠山	K_1	1.22	1.48	1.64	1.79	2.01	2.70	1.07	1.27	1.47	1.67	1.99	2.73
		K_2	1.29	1.44	1.63	1.73	1.94	2.24	1.20	1.31	1.43	1.53	1.65	1.80
	双连山—大山塘	SC_1	1.64	1.90	2.10	2.28	2.45	2.78	1.10	1.46	1.65	1.81	1.98	2.18
	大山塘—大贴饼	SC_3	1.13	1.50	1.60	1.72	1.87	2.11	1.38	1.74	1.90	2.04	2.11	2.28
大洋山以南		S_1	0.61	0.81	1.01	1.16	1.35	1.73	0.58	0.76	0.91	1.07	1.17	1.41
平均值			1.11	1.39	1.59	1.75	1.98	2.24	1.00	1.23	1.40	1.58	1.78	2.10
比值			1.00	1.25	1.43	1.58	1.78	2.02	1.00	1.23	1.40	1.58	1.78	2.10

7. 潮段最大含沙量和平均底沙量

据 2007 年观测，垂线最大含沙量涨、落潮分别为 4.46 kg/m³ 和 5.37 kg/m³，分别出现在中潮期间的工作船港区 K_5 站和大潮期间的大洋山以南的 S_1 站。港区通道内，涨潮垂线最大含沙量平均，大、中、小潮分别为 3.39 kg/m³，3.06 kg/m³ 和 2.22 kg/m³；落潮垂线最大含沙量分别为 3.25 kg/m³，2.62 kg/m³和 2.13 kg/m³，可见垂线最大含沙量涨潮大于落潮（表 3-30）。

表 3-30　2007 年 4 月洋山港区海域最大含沙量统计表　（单位：kg/m^3）

水域		站名	涨潮				落潮			
			大潮	中潮	小潮	平均	大潮	中潮	小潮	平均
外围	小洋山北	N_2	3.60	2.36	2.37	2.78	3.44	2.42	1.74	2.53
	大洋山以南	S_1	4.02	3.56	3.75	3.78	5.37	3.52	1.93	3.61
港区通道内	西港区	K_3	3.14	3.30	2.59	3.01	3.77	2.49	2.12	2.79
		K_4	3.15	3.34	2.57	3.02	3.01	2.33	1.95	2.43
	工作船港区	码头	3.07	3.14	1.29	2.50	2.98	2.88	1.48	2.45
		K_5	3.83	4.46	1.92	3.40	3.57	2.40	1.90	2.62
	二期港区	M_2	3.61	3.76	3.18	3.52	3.39	3.74	3.66	3.60
	一期港区	M_4	3.21	3.33	3.00	3.18	3.12	3.32	3.04	3.16
	三期港区	M_{11}	3.03	3.13	2.12	2.76	2.58	2.38	2.13	2.36
	小岩礁	码头	2.97	2.99	2.16	2.71	2.51	2.59	1.55	2.22
	双连山	岛岸	4.40	3.02	2.24	3.22	3.40	2.23	1.78	2.47
	西口门	W_1	2.98	2.20	1.22	2.13	3.05	1.40	1.13	1.86
		W_3	3.63	2.33	2.33	2.76	3.75	2.41	2.11	2.76
	通道中部	P_1	3.84	2.40	2.70	3.31	4.55	3.10	2.25	3.30
	大洋山	围堤	3.15	2.33	1.53	2.34	2.59	2.85	2.58	2.67
	平均值		3.39	3.06	2.22	2.91	3.25	2.62	2.13	2.67
汊道内	颗珠山	K_1	3.42	3.48	2.15	3.02	3.30	4.22	3.32	3.61
		K_2	2.57	3.91	2.62	3.03	3.54	2.41	1.38	2.44
	双连山—大山塘	SC_1	3.22	3.04	1.78	2.68	3.99	2.17	1.39	2.52
	大山塘—大贴饼	SC_3	3.32	2.67	2.00	2.66	3.73	4.28	2.75	3.59
平均值			3.38	3.09	2.29	2.94	3.45	2.80	2.12	2.79
最大值			4.40	4.46	3.75	3.78	5.37	4.28	3.66	3.61

据 2008 年 4 月观测，垂线最大含沙量涨、落潮分别为 5.08 kg/m^3 和 5.24 kg/m^3，分别出现在大潮的西口南部 W_3 站和大山唐—大贴饼山汊道 SC_3 站。港区通道内，涨潮垂线最大含沙量平均大、中、小潮分别为 3.81 kg/m^3，1.59 kg/m^3 和 1.70 kg/m^3；落潮垂线最大含沙量分别为 4.08 kg/m^3，1.69 kg/m^3 和 1.37 kg/m^3（表 3-31）。与 2007 年相比较，2008 年大潮最大含沙量明显大于 2007 年，而中、小潮 2008 年又明显小于

2007 年，2008 年海域大潮和中、小潮含沙量相差甚大。

表 3－31　2008 年 4 月各水域垂线最大含沙量统计表　（单位：kg/m^3）

水域		站名	涨潮				落潮			
			大潮	中潮	小潮	平均	大潮	中潮	小潮	平均
小洋山北	小洋山北	N_2	3.234	1.088	1.191	1.838	2.885	1.195	0.706	1.595
港区通道内	西口门	K_4	3.318	1.659	1.738	2.238	3.768	2.027	1.125	2.307
		W_1	3.909	1.549	1.198	2.219	3.920	1.728	0.864	2.171
		W_2	3.961	1.556	1.887	2.468	4.714	1.908	1.567	2.730
		W_3	5.084	2.148	2.816	3.349	5.210	1.938	2.264	3.137
	工作船码头	K_5	3.269	1.463	1.535	2.089	3.646	1.465	1.261	2.124
	东口门以西	P_1	3.290	1.381	1.081	1.917	3.936	2.081	1.209	2.409
		P_2	4.470	1.623	1.809	2.724	4.264	1.486	1.064	2.271
	主通道南部	DS_1	4.732	1.483	1.923	2.713	4.670	1.709	1.430	2.603
		DS_2	3.260	1.682	1.603	2.182	4.732	2.025	1.553	2.770
	中港区	M_{11}	3.286	1.400	1.421	2.036	2.851	1.133	1.089	1.691
	东口门以东	DG_1	3.300	1.569	1.709	2.193	3.218	1.053	1.677	1.983
汊道内	颗珠山	K_1	4.260	2.040	2.923	3.074	3.972	1.516	2.673	2.720
		K_2	3.963	1.379	1.062	2.135	4.082	1.885	0.959	2.309
	双连山—大山塘	SC_1	4.090	2.160	2.335	2.862	4.327	1.690	1.438	2.485
	大山塘—大贴饼	SC_3	4.110	1.415	1.867	2.464	5.237	1.741	1.793	2.924

2007 年 4 月在港区主通道海域的东南、中、西北三个测点（K_4、P_1 和 DS_4），与测底层流（离底 0.2 m）同步实施了底沙的观测，施测结果与垂线六点法所得的底层含沙量和垂线平均含沙量进行对比分析，进一步揭示水域垂向，特别是近底沙量的分布状况（表 3－32）。

（1）三个测站全潮潮段平均底沙量为 2.41 kg/m^3，其中涨潮为 2.31 kg/m^3，落潮为 2.50 kg/m^3，落潮底沙略大于涨潮，而其大、中、小潮底沙分别为 3.93 kg/m^3、1.64 kg/m^3 和 1.63 kg/m^3。中、小潮底沙基本相同，而大潮迅速增为其 2.4 倍。

（2）通道西北部 K_4 测站，涨、落潮平均底沙为 2.70 kg/m^3；中部 P_1 站为 2.27 kg/m^3，东南部 DS_2 站为 2.24 kg/m^3，据此推知西港区底沙相对较

表 3-32　2007 年 4 月三测站潮段平均底沙、底层沙和垂线平均含沙量

（单位：kg/m^3）

测站		涨潮					落潮				
		底沙量①	底层含沙量②	平均含沙量③	(①—②)/②/%	(①—③)/③/%	底沙量①	底层含沙量②	平均含沙量③	(①—②)/②/%	(①—③)/③/%
K_4	大潮	3.94	3.40	2.81	16	40	4.27	3.72	2.92	15	46
	中潮	1.54	1.32	1.14	17	35	2.06	1.75	1.25	18	65
	小潮	2.08	2.00	0.97	4	114	2.29	1.76	0.51	30	349
	平均	2.52	2.24	1.64	13	54	2.88	2.41	1.56	20	85
P_1	大潮	3.97	3.49	2.62	14	52	4.13	3.59	2.91	15	42
	中潮	1.58	1.37	1.06	15	49	1.61	1.42	1.08	13	49
	小潮	1.03	1.14	0.62	−10	66	1.30	0.91	0.49	43	165
	平均	2.19	2.00	1.43	10	53	2.35	1.97	1.49	19	58
OS_2	大潮	3.68	3.19	2.94	15	25	3.58	3.16	2.60	13	38
	中潮	1.71	1.50	1.35	14	27	1.37	1.12	1.00	22	37
	小潮	1.26	1.27	0.98	−1	29	1.83	0.97	0.61	89	200
	平均	2.22	1.99	1.76	12	26	2.26	1.75	1.40	29	61

高，通道中部和东南部较低。

(3) 按 2007 年 4 月的六点法所测得的底层沙量（约离底 0.5 m 左右）与固定离底 0.2 m 所测的底沙量的差值随潮型有明显的变化。

涨潮：大潮底沙比底层沙大较多 15%，而小潮底沙反比底层沙小，成倒梯度；落潮：大潮底沙仍比底层沙大较多，但小潮时底沙远比底层沙大更多，平均约 54%，这揭示大潮期间，特别在落潮时，大量泥沙在离底 0.2 m 附近聚集。按底沙量和垂线平均层沙量比较，三测站全潮底沙比垂线平均含沙量大 56%，其中，涨、落潮分别为 44%和 68%，而尤以小潮落潮期间，底沙量为垂线平均的 238%，这表明小潮期间水体中含沙量虽小，但大部分集聚在近海床层。

据 2008 年 4 月二测站（K_4 和 P_1）底层泥沙观测，全潮平均底沙为 4.49 kg/m^3，其中涨潮平均底沙为 4.33 kg/m^3，落潮为 4.65 kg/m^3，落潮底沙略大于涨潮；大、中、小潮底沙分别为 4.01 kg/m^3，5.05 kg/m^3 和 4.43 kg/m^3，中潮最大，底沙较底层含沙量偏大约 24%（表 3-33），与 2007 年 4 月比较，海域动力调整期第二年底沙量增加约 1 倍，但同样落潮大于涨潮底沙量，不过底沙量并非大潮最大，而转成中潮最大。二测站平均全潮底沙比垂线平均含沙量大 114%，其中涨落潮分别为 92%和 136%，同样其中以小潮落潮期间，底沙量为垂线平均沙量的 251%。所测资料表明，2008 年底沙相对密度更大。

表 3-33　2008 年 5 月各站潮段平均底部含沙量比较表　（单位：kg/m³）

测站		涨潮					落潮				
		底沙①	底层含沙量②	平均含沙量③	(①—②)/②/%	(①—③)/③/%	底沙①	底层含沙量②	平均含沙量③	(①—②)/②/%	(①—③)/③/%
K_4	大潮	3.04	2.50	2.06	22	48	3.49	2.95	2.14	18	63
	中潮	4.46	3.42	2.18	30	105	4.45	3.47	1.66	28	168
	小潮	3.25	2.49	1.40	31	132	4.35	3.35	1.14	30	282
	平均	3.58	2.80	1.88	28	90	4.10	3.26	1.64	26	150
P_1（水文测验）	大潮	4.45	3.63	2.74	23	62	5.05	4.11	3.13	23	61
	中潮	5.21	4.44	2.98	17	75	6.00	4.90	2.52	22	138
	小潮	5.57	4.54	2.10	23	165	4.55	3.77	1.42	21	220
	平均	5.07	4.20	2.61	21	94	5.20	4.26	2.35	22	121
平均		4.33	3.50	2.24	24	93	4.65	3.76	2.00	24	132
P_1（十五周日）	大潮	4.48	4.05	2.72	11	65	4.81	3.59	2.11	34	128
	中潮	4.77	4.10	2.55	16	87	5.42	4.17	1.41	30	284
	小潮	4.59	3.52	1.84	30	149	4.38	3.48	2.08	26	111
	平均	4.61	3.89	2.37	19	95	4.87	3.75	1.87	30	161

3.3.2　悬沙粒径和物质组成

据 2007 年 4～5 月主通道和汊道定点测站：通道北部一、二、三期码头前站 M_4、M_2、M_{11}；通道西口门 W_2、中部 P_1、南部大山塘东 DS_2 和东口门 DZK；颗珠山汊道 K_2 和大洋山西、东汊道 SC_1、SC_2，总共 10 个测站的水样悬沙粒径分析，按大、中、小潮悬沙中值粒径列于表 3-34 中。

（1）全水域大、中、小潮平均悬沙中值粒径为 0.009 0 mm，大、中、小潮分别为 0.010 6 mm、0.008 1 mm 和 0.008 2 mm，大潮期间潮动力较强，悬沙粒径较粗，小潮潮动力虽然最弱，但在本海域与中潮相比无明显强弱之分，悬沙中值粒径中、小潮接近。

(2) 该海域潮流较强的东口门和各汊道悬沙粒径较粗，约在0.010 0 mm左右。北港区水域悬沙粒径为0.008 7 mm，通道南部为0.008 6 mm，中部为0.008 3 mm，通道中部略细于南北两侧。

(3) 据2002年、2004年、2005年和2006年各年四次取样分析，一、二期工程水域平均中值粒径分别为0.010 6 mm、0.007 8 mm、0.008 6 mm和0.009 2 mm，而本期水域中值粒径为0.008 4 mm，表明工程后北港区前水域的泥沙粒径比工程前略细。

(4) 中值粒径垂线分布自上而下由细渐粗，据2007年4月观测，本海域中值粒径表、中、底层平均分别为0.007 2 mm、0.008 8 mm和0.011 0 mm，垂向变化梯度以颗珠山汊道为最大，底、表层粒径比值大、中、小潮分别为1.96、2.11和1.87。以一期工程前水域为最小，分别为1.51、1.26和1.08。全海域各测站平均分别为1.58、1.68和1.46(表3-34)。

表3-34 2007年4月各站悬沙中值粒径垂线分布（单位：mm）

潮型	测层	DS_2	K_2	DZK	M_2	M_4	M_{11}
大潮	表层	0.004 6	0.008 5	0.009 9	0.005 9	0.007 7	0.009 1
	0.6H	0.006 8	0.012 8	0.012 5	0.007 6	0.009 1	0.011 1
	底层	0.009 2	0.016 7	0.016 0	0.010 6	0.011 6	0.013 0
中潮	表层	0.005 9	0.005 5	0.007 6	0.006 6	0.007 2	0.006 0
	0.6H	0.007 4	0.007 4	0.010 8	0.007 3	0.008 2	0.007 3
	底层	0.012 2	0.011 6	0.013 7	0.010 5	0.009 1	0.009 0
小潮	表层	0.007 4	0.005 3	0.007 7	0.005 2	0.009 5	0.007 5
	0.6H	0.008 4	0.007 0	0.008 9	0.006 2	0.010 2	0.009 3
	底层	0.009 6	0.009 9	0.011 6	0.007 3	0.010 3	0.012 4
大、中、小潮垂线平均		0.008 1	0.009 4	0.011 0	0.007 5	0.009 2	0.009 4
潮型	测层	P_1	SC_1	SC_3	W_2	—	各层平均
大潮	表层	0.005 7	0.013 2	0.010 3	0.009 8	—	0.008 6
	0.6H	0.007 0	0.014 9	0.012 3	0.011 2	—	0.010 5
	底层	0.009 6	0.015 9	0.013 7	0.012 8	—	0.012 9
中潮	表层	0.006 1	0.005 4	0.005 7	0.005 9	—	0.006 2
	0.6H	0.007 3	0.006 9	0.007 3	0.006 6	—	0.007 7
	底层	0.008 3	0.010 3	0.010 5	0.008 2	—	0.010 3

（续表）

潮型	测层	DS_2	K_2	DZK	M_2	M_4	M_{11}
小潮	表层	0.006 5	0.007 0	0.005 8	0.006 1	—	0.006 8
	0.6H	0.008 3	0.007 7	0.006 4	0.008 1	—	0.008 1
	底层	0.010 1	0.009 0	0.007 4	0.009 9	—	0.009 8
大、中、小潮垂线平均		0.007 7	0.010 0	0.008 8	0.008 7	—	0.009 0

据本期10个测站的大、中、小潮表、0.6H和底层共795个悬沙样品粒度分析，悬沙质中黏土质粉砂占全部样品的96%。个别为粉砂质黏土占3%。单个样品中粉砂含量占56.7%，黏土含量占33.7%，砂含量占9.6%，与工程各阶段分析相同。

3.3.3 主通道和汊道断面悬浮泥沙输移

根据2006年4～5月全潮水文泥沙测验资料，计算出三期工程后港区东西口门和小洋山岛链汊道断面潮量和含沙量（表3-35）。

表3-35 口门和汊道断面潮量和输沙量(2006年4～5月)

断面	潮量/亿 m^3			含沙量/(kg/m^3)			输沙量/万t		
	涨潮	落潮	净潮量	涨潮	落潮	涨落差	涨潮	落潮	净输沙
大乌龟—双连山	36.61	42.76	6.15	1.61	1.54	−0.07	588.4	657.1	68.7
小岩礁—大洋山	23.21	25.29	2.08	1.56	1.47	−0.10	363.0	370.8	7.8
颗珠山—蒋公柱	3.59	6.10	2.51	1.42	1.13	−0.29	50.3	68.8	18.5
双连山—大山塘	6.39	9.44	3.05	1.76	1.80	−0.03	112.6	169.5	56.9
大山塘—大洋山	2.07	3.40	1.33	1.56	1.87	0.21	32.0	59.5	27.5

表中各断面的含沙量采用断面上定点测验资料计算，各汊道和口门的潮量均用ADCP走航监测资料计算而得。东口门及各汊道在大潮期间每个潮段均有大量的泥沙按落潮方向向外净输出，三期工程后的三个汊道更加突出。

2008年10月在港区水域进行了8个断面的ADCP潮流监测外，在其中部分断面还进行了悬沙的监测，其中走航式ADCP悬沙观测首次在洋山港区水域应用，其监测的基本原理是利用同步采集的水样分析成果，对ADCP声反向散射信号进行率定，计算出每一个ADCP信号的含沙量，结合同时刻的流量资料，计算出断面输沙率，从而全面了解港区含沙量的时空分布，悬沙输移特征，涨落潮沙量等，并利用港区输沙量成果，推算涨落潮周期内港区的悬沙进出量，评估洋山港水域冲淤环境。

据主通道内第13＊、12＊、14、16号4个断面，港区北部颗珠山汊道9号断面以及南部第22＊、23＊号两个断面，统计大、中、小潮各断面全潮的涨、落潮平均输沙率和涨落潮输沙量列于表3－36、表3－37和表3－38中。再将水域自西向东形成了三个基本封闭的水域；分别为：① 西部Ⅰ区，其由9、13＊、22＊、12＊断面为边界；② 中部Ⅱ区，其由12＊、23＊、14断面为边界；③ 东部Ⅲ区，由14、16断面为边界(图3－9)。

表3－36 2008年10月大潮洋山港区各汊道与主通道输沙量统计表

潮期	特征列	ADCP-9_DC	ADCP-12_DC	ADCP-13_DC	ADCP-14_DC	ADCP-16_DC	ADCP-22_DC	ADCP-23_DC
全潮	开始时间	13～16:57	13～17:32	13～17:37	13～17:27	13～17:24	31～18:05	13～18:07
	结束时间	14～17:54	14～18:19	14～18:23	14～18:12	14～18:06	14～18:47	14～18:41
	总历时(h:min)	24:57:00	24:46:00	24:46:00	24:44:00	24:43:00	24:42:00	24:34:00
	涨潮历时(h:min)	10:55	12:10	11:48	12:17	12:14	11:15	10:47
	落潮历时(h:min)	14:02	12:36	12:58	12:27	12:29	13:27	13:47
	涨潮平均输沙率/(kg/s)	−6 130	−55 000	−82 500	−53 100	−40 900	−12 400	−4 660
	落潮平均输沙率/(kg/s)	9 330	69 900	120 000	36 900	37 000	24 200	9 020
	总的平均输沙率/(kg/s)	2 560	8 530	23 500	−7 810	−1 550	7 540	3 020
	涨潮输沙量/t	−241 100	−2 410 000	−3 504 000	−2 350 000	−1 800 000	−500 400	−180 700
	落潮输沙量/t	471 100	3 171 000	5 597 000	1 654 000	1 663 000	1 171 000	447 800
	总的下泄输沙量/t	230 000	760 300	2 093 000	−695 700	−137 700	670 200	367 100
占西口比例	涨潮输沙比例/%	6.9	68.8	100.0	67.1	51.4	14.3	5.2
	落潮输沙比例/%	8.4	56.7	100.0	29.6	29.7	20.9	8.0
	总的下泄输沙比例/%	11.0	36.3	100.0			32.0	12.8

表 3-37　2008 年 10 月中潮洋山港区各汊道与主通道输沙量统计表

潮期	特征列	ADCP-9_ZC	ADCP-12_ZC	ADCP-13_ZC	ADCP-16_ZC
全潮	开始时间	19-13:58	19-15:12	19-15:02	19-15:01
	结束时间	20-14:47	20-15:59	20-15:46	20-15:47
	总历时(h:min)	24:50:00	24:47:00	24:44:00	24:46:00
	涨潮历时(h:min)	10:13	11:36	11:37	11:22
	落潮历时(h:min)	14:37	13:11	13:08	13:24
	涨潮平均输沙率/(kg/s)	−9 920	−86 900	−108 000	−47 700
	落潮平均输沙率/(kg/s)	16 500	80 700	92 500	46 900
	总的平均输沙率/(kg/s)	5 650	2 180	−1 660	3 510
	涨潮输沙量/t	−36 500	−3 633 000	−4 250 000	−1 949 000
	落潮输沙量/t	870 100	3 827 000	4 372 000	2 263 000
	总的下泄输沙量/t	505 100	194 200	−148 200	313 300
占西口比例	涨潮输沙比例/%	8.1	80.4	100.0	43.1
	落潮输沙比例/%	19.9	87.5	100.0	51.8
	总的下泄输沙比例/%				

表 3-38　2008 年 10 月小潮洋山港区各汊道与主通道输沙量统计表

潮期	特征列	ADCP-9_XC	ADCP-12_XC	ADCP-13_XC	ADCP-16_XC
全潮	开始时间	21-10:00	21-10:17	21-10:31	21-09:56
	结束时间	22-10:57	22-11:00	22-11:17	22-10:42
	总历时(h:min)	24:57:00	24:43:00	24:46:00	24:46:00
	涨潮历时(h:min)	8:41	12:20	11:36	12:33
	落潮历时(h:min)	16:16	12:23	13:11	12:14
	涨潮平均输沙率/(kg/s)	−6 700	−39 500	−41 900	−28 200
	落潮平均输沙率/(kg/s)	7 220	23 700	28 200	20 400
	总的平均输沙率/(kg/s)	2 370	−7 780	−4 640	−4 200
	涨潮输沙量/t	−209 500	−1 751 000	−1 750 000	−1 274 000
	落潮输沙量/t	422 600	1 059 000	1 336 000	899 500
	总的下泄输沙量/t	213 100	−692 300	−414 200	−374 800
占西口比例	涨潮输沙比例/%	12.0	100.1	100.0	72.8
	落潮输沙比例/%	31.6	79.3	100.0	67.3

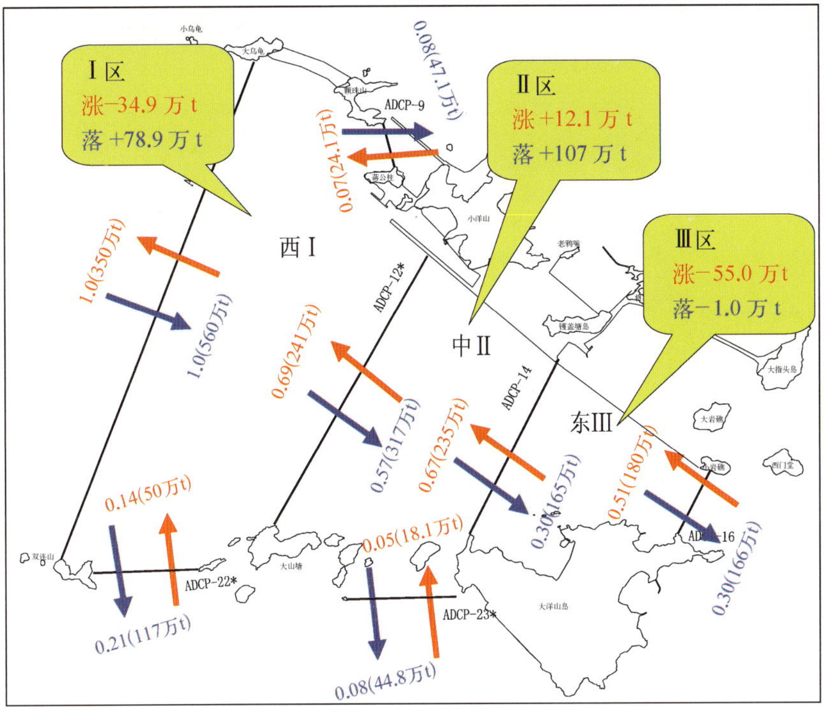

(a) 大潮

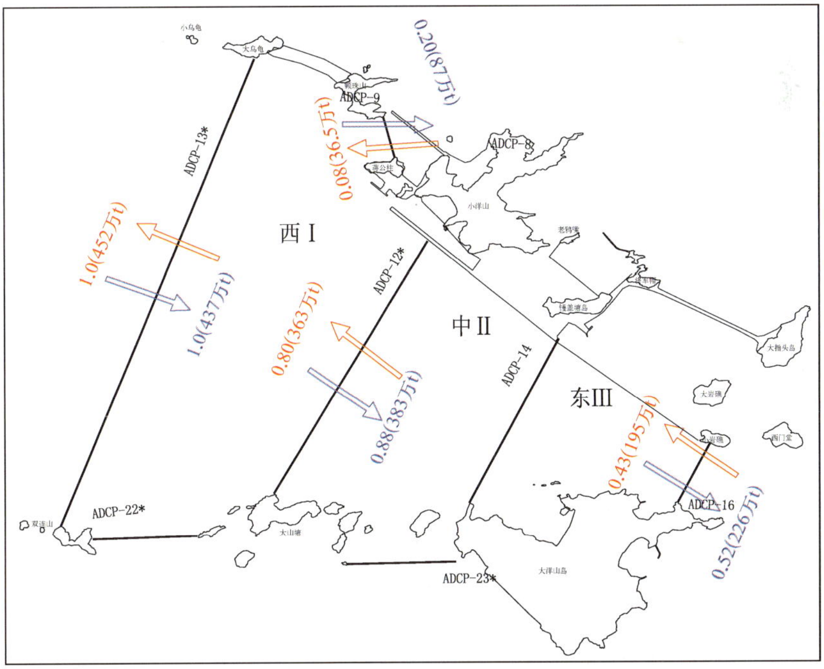

(b) 中潮

图 3-9　2008.10 洋山海域各通道涨落潮沙量及分配比示意图

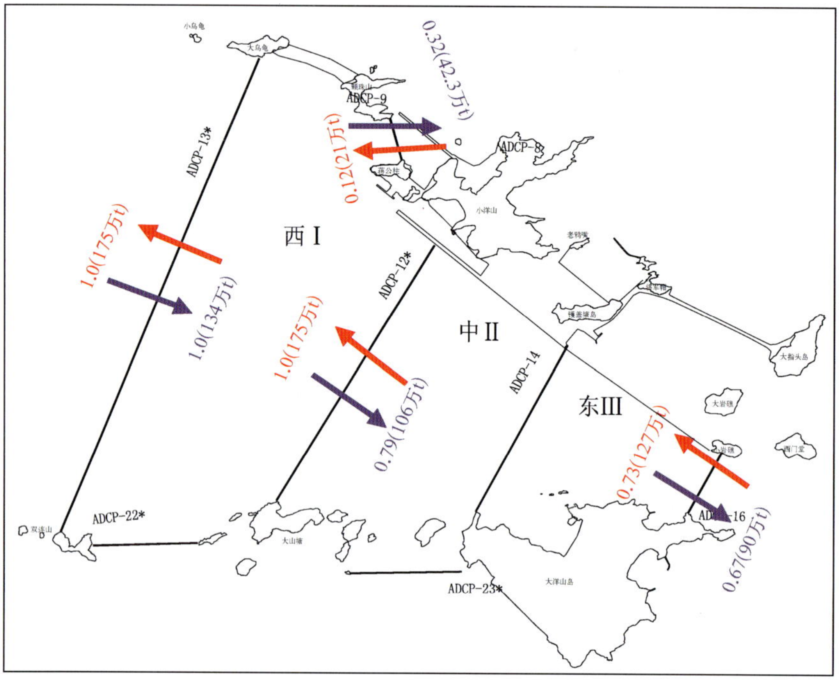

(c) 小潮

图 3-9　2008.10 洋山海域各通道涨落潮沙量及分配比示意图

1. 落潮悬沙输移

该区悬浮泥沙随落潮流自西向东向外海输移。西部Ⅰ区，一周日大潮落潮期间内(两涨两落约 26 h)，西口门共向洋山港区输移 560 万 t 的悬浮泥沙，而从南双连山汊道(22 号)、北颗珠山汊道(9 号)以及主通道 12 * 号断面，同时刻分别输出了 117 万 t、47.1 万 t 和 317 万 t，总计 481 万 t，两者相差 78.9 万 t，即向东口输移的悬沙小于从杭州湾西口门的输入量，表明一个大潮落潮期内，约有 78.9 万 t 的悬沙滞留在西部Ⅰ区。

中部Ⅱ区，一个大潮落潮期内，12 号断面共向下输移了 317 万 t，而从南侧大山塘汊道 23 * 号和主通道中 14 号断面，同时刻分别输出了 44.8 万 t 和 165 万 t，总计输出 210 万 t，两者相差 107 万 t，即向下游输移的悬浮泥沙小于 12 * 号断面的输入量，意味着一个大潮落潮期内，约有 107 万 t 的悬浮泥沙在中部Ⅱ区沉积。

东部Ⅲ区，一个大潮落潮期内，14 号断面共向东输移了 165 万 t，而东口门 16 号断面，同时段向外海输出了 166 万 t，两者相差无几，表明一个大潮落潮期内，东部Ⅲ区进沙量等于出沙量，冲淤平衡。

由此可知，一个大潮落潮期内，约有 186 万 t 的悬浮泥沙在洋山港区滞留，滞留部位以中段最大，西部次之，东部冲淤基本平衡。

2. 涨潮悬沙输移

该区悬浮泥沙总体随涨潮流自外海由东向西输移，东部Ⅲ区，一周日大潮涨潮期内，16 号断面共向港区输入了 180 万 t 悬浮泥沙，而 14 号断面同时刻向西输出了 235 万 t，进出本区沙量相差 55 万 t，表明一个大潮涨潮期内，东部Ⅲ区约有 55 万 t 的悬沙顺涨潮流向西输移。

中部Ⅱ区，一个大潮涨潮期内，14 号断面共向西输移了 235 万 t 悬浮泥沙，南侧大山塘汊道(23＊号)有 18.1 万 t 的悬沙进入港区，而同时刻 12 号断面向西输出了 241 万 t，进出沙量相差 12.1 万 t，表明一个大潮涨潮期内，约有 12.1 万 t 的悬沙滞留在中部Ⅱ区。

西部Ⅰ区，一个大潮涨潮期内，由 12 号断面向本区输入了 241 万 t，南侧双连山汊道(22＊号)，北颗珠山汊道(9 号)分别有 50 万 t、24.1 万 t 的悬沙进入本区，而同时刻 13＊号断面向西输出了 350 万 t，进出本区沙量差 34.96 万 t，表明约有 34.9 万 t 的悬浮泥沙顺涨潮流向西输移。

由上可知，一个大潮涨潮期，洋山港区约有 77.8 万 t 的悬浮泥沙被掀扬顺涨潮流向西输移，冲刷部位东部最大，西部次之，中部略有沉积。

总体而言，一周日各潮段内，东部Ⅲ区均处于出沙状况，对应于底床处于冲刷状态为主；中部Ⅱ区，各潮段均处于进沙状态，对应于海床处于淤积状态为主；而西部Ⅰ区，涨潮时段出沙，落潮时段进沙，因而西部Ⅰ区总的来说冲淤平衡(该区内北冲南淤)。

3.3.4　三期工程后悬浮泥沙特征小结

(1) 三期工程后(2006.5)洋山通道水域平均含沙量为 1.57 kg/m^3。工程前(2004.5)为 1.36 kg/m^3，增幅明显，其中北港区前水域及大洋山汊道含沙量最高，最大平均含沙量达 2.78 kg/m^3，小洋山以北和大洋山以南水域含沙量为 1.20 kg/m^3 左右，港区外水域比港区内含沙量低；西口门含沙量比东口门略高，分别为 1.57 kg/m^3 和 1.51 kg/m^3。港区通道内以及颗珠山汊道涨潮含沙量大于落潮；而港区通道南北及东口门外海域，落潮含沙量大于涨潮含沙量，整个洋山海域涨、落潮平均含沙量相差不大，分别为 1.48 kg/m^3 和 1.46 kg/m^3。

据 2007 年港区海域平均含沙量北部为 1.49 kg/m^3，中部为 1.39 kg/m^3，南部为 1.60 kg/m^3，呈北低南高分布，其中北部涨潮流含沙量大于落潮流含沙量，而中部和南部相反，落潮流含沙量较大。2008 年 ADCP 含沙量走航监测成果分析，海域西部断面平均含沙量 0.66～1.67 kg/m^3，中部 0.78～1.05 kg/m^3，东口门断面为 0.61～1.45 kg/m^3。由上可见，港区海域含沙量平面分布以西南部较大，特别在落憩期间，而以东口门北侧最小，尤其在涨、落急期间。

西口北颗珠山汊道含沙量较小，为 0.64～0.85 kg/m^3，西口南双连山汊道含沙量较高，为 0.87～1.36 kg/m^3，各汊道落潮含沙量明显高于涨潮含沙量，特别南面二汊道，落潮含沙量约为涨潮含沙量的 3 倍，这也佐证了汊道的存在对洋山港区输沙具有积极意义。

(2) 洋山港区的表层含沙量具有明显的季节变化，东高夏低的变化规律明显。一般 7、8 月最低，平均为 0.32 kg/m^3，1～3 月最高为 1.24 kg/m^3。2002 年冬夏差达 2.8 倍。多年表层平均含沙量为 0.86 kg/m^3。2003 年以后，含沙量呈递减趋势，2007 年平均含沙量为 0.71 kg/m^3，为历年最低。同时洋山海域的含沙量具有明显的潮周期变化，2007 年春季，在港区中部，大潮含沙量达 2.99 kg/m^3，小潮为 0.43 kg/m^3，大小潮含沙量差达 7 倍，多年平均为 3.35 倍。其中落潮流比涨潮流期间相差大。在整个潮周期过程中，港区水域垂线平均含沙量在落憩时段最大为 1.60 kg/m^3；涨憩时段最小为 0.68 kg/m^3；其他包括涨、落急时段平均含沙量为 0.88 kg/m^3，远小于落憩时段。港区海域平均含沙量为 1.54 kg/m^3，其中涨、落潮流含沙量分别为 1.63 kg/m^3 和 1.45 kg/m^3，涨潮流时段含沙量略大。

(3) 洋山海域表层平均含沙量为 1.07 kg/m^3，底层为 1.96 kg/m^3，自表至底几乎呈线性递减，自上而下含沙量分层比值为 1.00、1.25、1.43、1.59、1.75 和 1.99，底层含沙量约为表层的 2 倍。大洋山岛链中的两个汊道涨、落潮含沙量最高，底层平均含沙量为 2.12 kg/m^3 和 2.40 kg/m^3，约为表层的 1.8 倍。海域各层最大含沙量自表而底分别为 3.00 kg/m^3、3.50 kg/m^3、3.85 kg/m^3、4.02 kg/m^3、4.18 kg/m^3 和 4.50 kg/m^3，自表至底递增趋势比平均含沙量略小，底层最大含沙量约为表层的 1.5 倍。

港区海域离海床 0.2 m 的底沙全潮平均为 2.41 kg/m^3，落潮流期间略大于涨潮流。其中大、中、小潮平均底沙量分别为 3.93 kg/m^3、1.64 kg/m^3 和

$1.63\ kg/m^3$，中小潮基本相同，而大潮猛增为其 2.4 倍。底沙量和底层沙量(离海床约0.5 m)的差值随潮型不用有明显变化，大潮涨潮流的底沙比底层沙大约 15%，而小潮底沙反比底层沙小 2%；大潮落潮流的底沙与涨潮流相类似，仍比底层沙大约 15%，但小潮落潮流比底层沙大 54%，表明小潮落潮流期间，贴近海底的沙量浓度特高。

(4) 在一个大潮落潮流期间内，从港区海域宽阔的西口门进入的悬浮泥沙向东经海域从狭窄的东口向外海输出，期间约有 186 万 t 的悬浮泥沙在港区海域滞留，其中以中段较多，西部次之，东部基本平衡；在一个大潮涨潮流期间内，海域约有悬浮泥沙从东口门进入，向西流经海域经西口门流入杭州湾，期间约有 77.8 万 t 的悬浮泥沙被掀扬顺涨潮流向西输移，东部输出最多，西部次之，中段略有沉降。

3.4 工程海域海床冲淤变化

3.4.1 工程前至前二汊道封堵的海床冲淤变化

2002 年 10 月至 2003 年 9 月实施北岛链中小洋山—镬盖塘间汊道的封堵工程，这是洋山港建设第一个堵汊工程，汊道封堵后，使原汊道内进出涨落潮流量各丧失了 12%和 8%(占西口门进出潮量比)，导致了汊道入口处相应涨潮流速降低了 0.3 m/s，降幅达 46%；落潮流速降低了 0.65 m/s，降幅达 55%，形成了堵汊口门附近相对的弱流区，潮动力强度的大量减弱，速成了局部淤积区的形成，堵汊后一年内在原汊道口门附近，很快出现了一个舌状淤积体，据 1998 年 11 月至 2004 年 4 月冲淤图测算，淤积体达581 万 m^3。

2003 年 9 月至 2004 年 4 月，洋山港实施了西汊口大乌龟山—颗珠山间第二次堵汊工程，由堵汊范围小，进出潮量也比较小，仅占西口门进潮量 4%的涨潮量和 6%的落潮量，所阻隔汊道内外的涨落潮对汊道口潮动力强度的影响也最小，在汊道口所引起的局部淤积体仅为 100 万 m^3。

从工程前至前二个相对较小的汊道封堵完成，两汊口间 1 220 m 长的堤坝和中汊口前 3 100 m 的顺直岸线，使该二汊道口附近水域潮动力相对减弱，从而在原汊道口附近产生淤积，淤积主要集中在二期工程和蒋公柱附近以及主通道西部水域，淤积面积为 1 438.6 万 m^2，占统计面积的 39%，淤积量为 1 160 万 m^3；此期间却因主通道局部束狭，促使三期工程附近水域、主通道中部和大洋山一侧出现大面积的冲刷区，面积为 2 222.6 万 m^2，占总面积的 61%，冲刷方量为 2 699.9 m^3，整个洋山海域呈现以冲刷为主的状态（图 3 - 10，表 3 - 39）。

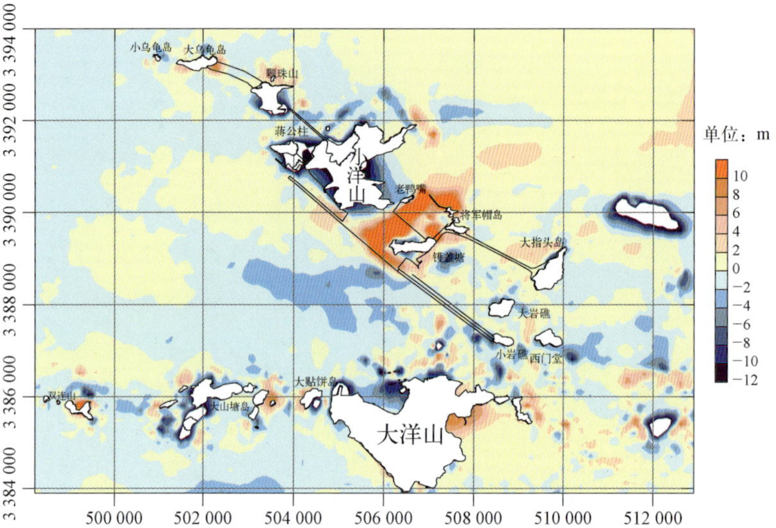

图 3 - 10　1998.11～2004.4 冲淤图

表 3 - 39　1998 年 11 月～2004 年 4 月海域分区冲淤变化

项 目	冲刷			淤积			合计(累计 5.5 年)			年平均厚度/m
	面积/万 m^2	体积/万 m^3	平均厚度/m	面积/万 m^2	体积/万 m^3	平均厚度/m	面积/万 m^2	体积/万 m^3	平均厚度/m	
6(中央沙)	217	110	0.51	276	89.9	0.33	493	−20	−0.04	−0.01
7(通道中)	115	180	1.56	37.5	11.5	0.31	153	−168	−1.10	−0.20
8(通道中)	175	490	2.8	1.7	1.4	0.82	177	−488	−2.76	−0.50
小洋山侧	955.9	1 358	1.42	651	534	0.82	1 607	−824	−0.51	−0.09
9	153	378	2.47	116	262	2.25	269	−116	−0.43	−0.08
10	48.2	59.8	1.24	15.1	8.1	0.54	63.3	−52	−0.82	−0.15
11	220	240	1.09	25.6	39.1	1.53	246	−201	−0.82	−0.15
12	282	362	1.28	13.3	13.7	1.03	295	−348	−1.18	−0.21
13	284	104	0.37	413	96.7	0.23	697	−1.3	−0.01	0.00
14	241	137	0.57	154	133	0.87	394	−3.4	−0.01	0.00
15	38.5	62	1.61	51.1	73.8	1.44	89.6	11.8	0.13	0.02
大洋山侧	1 267	1 342	1.06	788	626	0.79	2 055	−716.1	−0.35	−0.06
全通道	2 223	2 700	1.21	1 439	1 160	0.81	3 661	−1 539.9	−0.42	−0.08

3.4.2　东侧北围堤建成后至三期码头工程竣工的海床冲淤变化

图 3 - 11 所示，在东侧北围堤完成前一年期间，除第一、第二期堵汊所造成北岛链沿岸两个局部淤积体外，该时段淤积面积仅占洋山海区的面积

17.3%，大部分海床仍处在冲刷状态，冲刷面积占81%，代表了第三次堵汊前的海床冲淤状况。

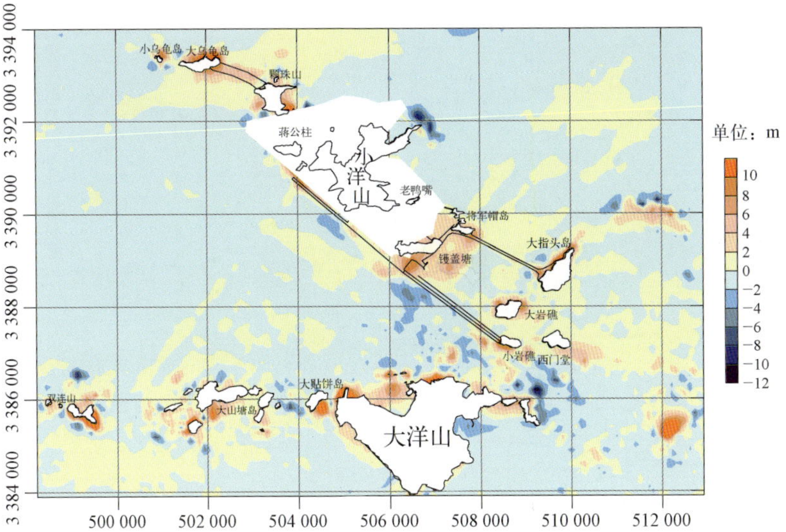

图3-11　2004.4～2005.4冲淤图

第三期前期堵汊工程即东侧北围堤工程小洋山将军帽—大指头岛堤坝，于2005年4月底完成合拢，随后至2005年9月又完成其汊道东侧大指头岛—大岩礁间的半封闭工程。由于这次堵汊工程大，原汊道进出潮流量占西口门涨潮进潮量的11%，落潮出潮量的16%，堵汊后使堵汊口附近流速明显降低，其中涨潮流速降低了0.19 m/s，降幅为32%，落潮流速降低了0.61 m/s，降幅为39%，引起海区潮动力强度分布的较大变化，扩大了涨落潮转流期间潮汐环流的影响范围，弱流区几乎扩大至洋山海区的西南海域。潮动力明显调整的结果，造成了海床地形出现大片淤积区。根据2005年4月～2006年4月间冲淤图3-12显示，在41.5万m^2的统计海域内，淤积面积达27.03万m^2，占统计海域面积65.1%，其分布范围由东侧北围堤向西南方向，经主通道延伸到南岛链双连山—大山塘附近岸边海域，与海域内弱流区分布基本一致，是洋山工程以来海区内淤积面积最大的一年。一年来，淤积区内淤高0.2 m，1.0 m和2.0 m的面积，分别达到22.23万m^2、8.44万m^2和1.44万m^2，总淤积体2 274.0万m^3，使整个海床平均淤高了0.22 m。冲刷区面积13.76万m^2，占统计海域面积的33.1%，局限于主通道至颗珠山汊道口门西北部的狭长海域，足以表明堵汊工程对海床冲淤影响之大。

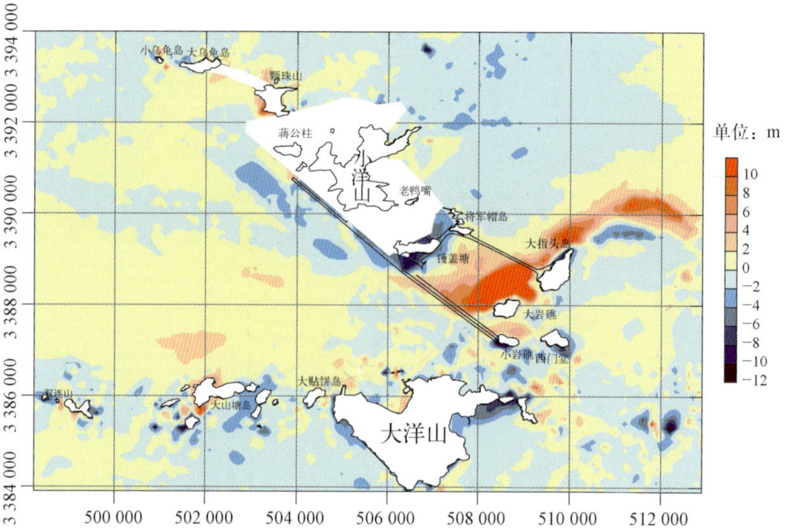

图 3 - 12　2005.4～2006.4 冲淤图

随着三期码头工程的进展，从 2006 年 4 月至 2006 年 10 月，完成原汊道东南侧大岩礁—小岩礁的封堵，并完成整个汊道的抛沙填土工程（2007 年 4 月完成），随之东口汊道南侧镬盖塘—小岩礁形成一长约 2.55 km 的岸线，与其西侧一、二期码头岸线相接，构成一长达 5.65 km 的顺直岸线，通道中潮流恢复增强，造成海床冲刷增大，冲刷面积大 2 182 万 m^2，占统计海域面积 52.5%，而淤积面积缩小至 1 866 万 m^2，占统计面积的 44.9%（图 3 - 13、图 3 - 14，表 3 - 40）。

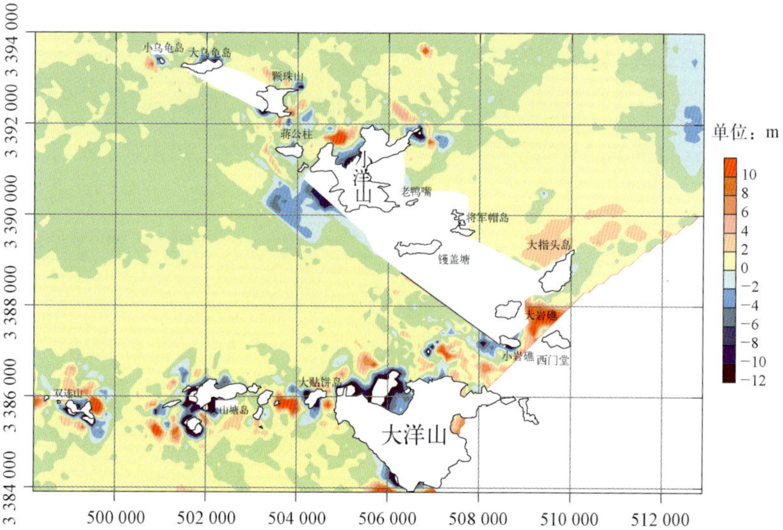

图 3 - 13　2006.4～2006.10 洋山海域冲淤图

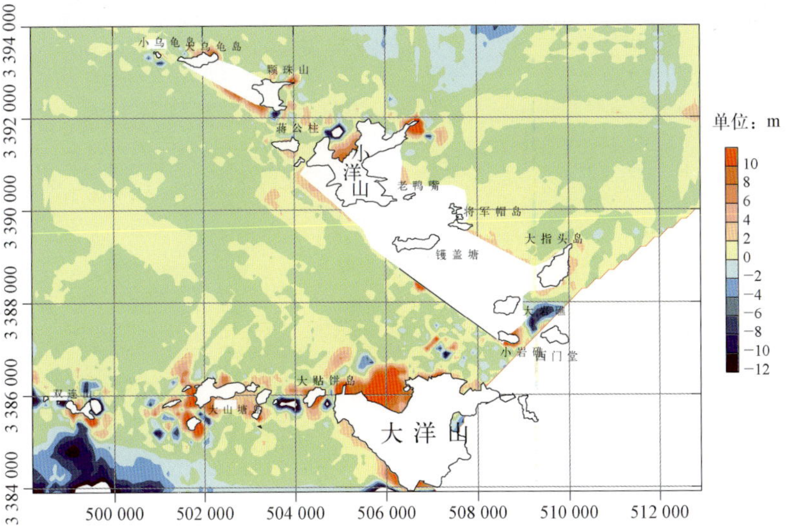

图 3-14　2006 年 10 月至 2007 年 4 月洋山海域冲淤图

表 3-40　东侧北围堤封堵后至三期码头工程竣工冲淤变化
(2005 年 4 月至 2007 年 4 月)

项目	冲刷			淤积			合计(累计 2 年)					年平均厚度/m
	面积/万 m²	体积/万 m³	平均厚度/m	面积/万 m²	体积/万 m³	平均厚度/m	面积/万 m²	体积/万 m³	挖泥方量/万 m³	体积+挖泥/万 m³	平均厚度/m	
6(中央沙)	484.2	261.9	0.54	7.8	3.5	0.45	492	−258.4			−0.53	−0.26
7(通道中)	78.9	124.1	1.57	73.9	151.4	2.05	152.8	27.3			0.18	0.09
8(通道中)	37.7	45.1	1.2	137.7	202.9	1.47	175.4	157.8			0.9	0.45
小洋山侧	1 209	2 025	1.67	392.2	676.1	1.72	1 601	−1 349	1 605	256.4	0.16	0.08
9	176.7	278.4	1.58	95.5	155.5	1.63	272.2	−123			−0.45	−0.23
10	3.5	5.9	1.69	58.9	160.1	2.72	62.4	154.2			2.47	1.24
11	51.9	40.3	0.78	194.3	261.3	1.34	246.2	221			0.9	0.45
12	0	0		295.7	649.7	2.2	295.7	649.7			2.2	1,1
13	260.2	110.1	0.42	439.1	267.1	0.61	699.3	157			0.22	0.11
14	58.5	101.1	1.73	337.6	423.5	1.25	396.1	322.4			0.81	0.41
15	5.3	4.3	0.81	83.6	154.7	1.85	88.9	150.4			1.69	0.85
大洋山侧	556.1	540.1	0.97	1 505	2 072	1.38	2 061	1 532			0.74	0.37
全通道	1 765	2 565	1.45	1 897	2 748	1.45	3 662	183.2	1 605	1 788	0.49	0.24

3.4.3　洋山主体工程竣工后期海域冲淤变化

2007 年 4 月至 2008 年 4 月，是封堵镬盖塘—小岩礁工程后的第二个年头，之后也无新的堵汊工程，洋山海区潮动力及泥沙运动进入调整后的恢复过程，根据这一年海床冲淤量统计，冲刷面积为 1 726 万 m²，

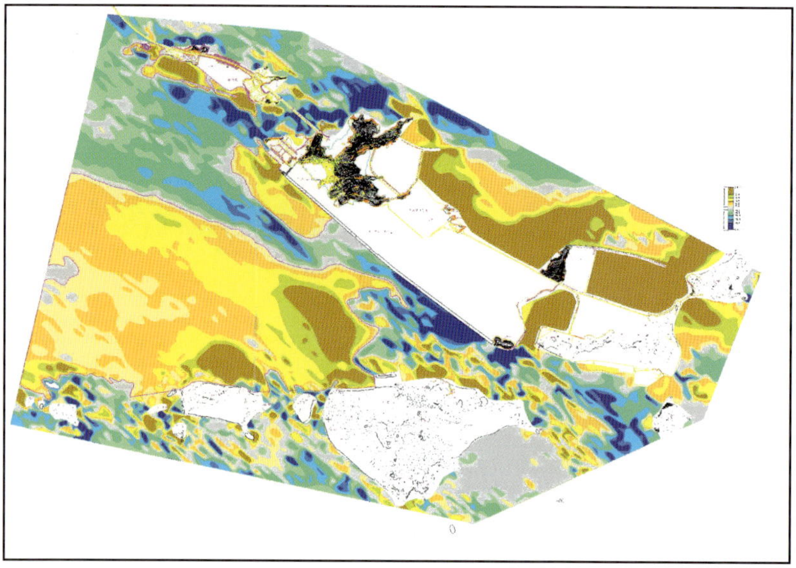

图 3－15　2007.4～2010.4 洋山海域冲淤图

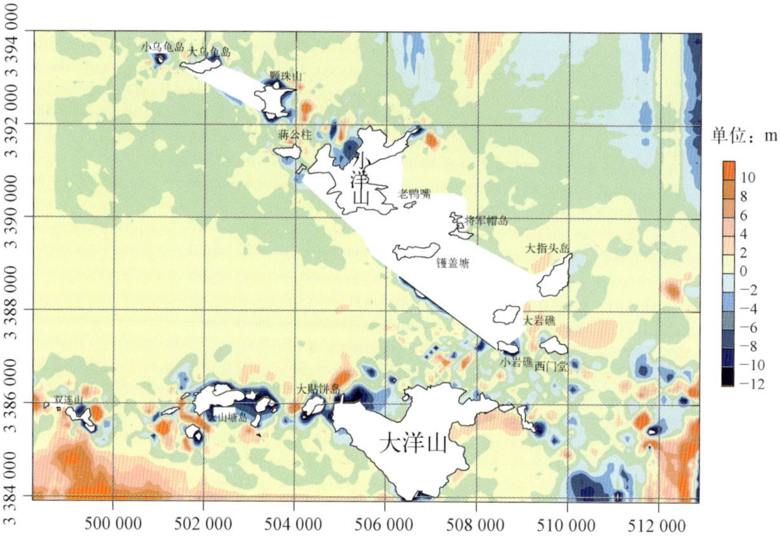

图 3－16　2007 年 4～10 月洋山海域冲淤图

占总面积的 41.5%，淤积面积为 2 347 万 m^2，占统计面积的 56.5%，淤积面积有所增大，但据冲淤体积量统计，冲刷为 1 256.4 万 m^3，淤积为 1 142.7 万 m^3，冲刷量略大于淤积量，海床年平均冲刷厚度为 0.03 m；从 2008 年 4 月至 2010 年 4 月，主通道海域海床的冲刷面积逐渐减小，并趋于稳定，接近 1 300 万 m^2 左右，占总面积 30%；淤积面积逐渐趋缓，接近 2 800 万 m^2，占总面积的 65%左右，淤积面积总共增加了 10%～15%，但海域无论冲刷体积量或淤积体积量均在逐渐减小，表明经洋山工程后，海床冲淤调整，逐渐趋于稳定并达到新的平衡（图 3-15，图 3-16，表 3-41，表 3-42）。

表 3-41　竣工后期海域分区冲淤变化（2007 年 4 月至 2010 年 4 月）

项目	冲刷			淤积			合计（累计三年）					年平均厚度/m
	面积/万 m^2	体积/万 m^3	平均厚度/m	面积/万 m^2	体积/万 m^3	平均厚度/m	面积/万 m^2	体积/万 m^3	挖泥方量/万 m^3	体积+挖泥/万 m^3	平均厚度/m	
6（中央沙）	454.6	299.5	0.66	40.3	30.7	0.76	494.9	−269	173		−0.19	−0.07
7（通道中）	71.9	114	1.58	85.7	105.6	1.23	157.7	−8.4			−0.05	−0.017
8（通道中）	20.9	19.1	0.64	159.1	395.6	2.49	180	376.5			2.09	0.70
小洋山侧	1 054	1 134	1.07	562.1	896.8	1.6	1 616	−237	1 084	846.7	0.52	0.18
9	102.9	216.7	2.1	169.6	427.6	2.52	272.6	211			0.77	0.26
10	15.5	18.6	1.2	56.9	186.8	3.28	72.4	168.2			2.32	0.77
11	22.6	10.7	0.47	227.9	461.7	2.03	250.5	451			1.8	0.6
12	33	13.8	0.42	264.2	424.7	1.61	297.3	410.9			1.38	0.46
13	150.4	31.1	0.21	526.1	504.7	0.96	676.6	473.6			0.7	0.23
14	87.7	16.1	0.18	302.1	245.8	0.81	389.8	229.7			0.59	0.2
15	11.8	7.6	0.65	86.9	114.4	1.32	98.7	106.7			1.08	0.36
大洋山侧（9～15）	423.9	314.6	0.74	1 634	2 365.6	1.45	2 058	2 051			1	0.33
全通道	1 478.0	1 449	0.98	2 196	3 262	1.49	3 674	1 814	1 084	2 898	0.79	0.26

表 3-42　洋山海区历年冲淤量统计

时间段	冲刷			淤积			冲淤比		平均淤积厚度/m	月均冲淤幅度/cm
	面积/km^2	占总面积比例/%	体积/万 m^3	面积/km^2	占总面积比例/%	体积/万 m^3	面积/km^2	体积/万 m^3		
200404～200504	33.65	81.0	2 258.0	7.19	17.3	602.1	4.68	3.75	−0.41	−3.3
200504～200604	13.76	33.1	1 362.8	27.03	65.1	2 274.0	0.51	0.60	0.22	1.8
200604～200704	21.82	52.5	1 937.1	18.66	44.9	1 081.8	1.17	1.79	−0.21	−1.7
200704～200804	17.26	41.5	1 256.4	23.47	56.5	1 142.7	0.74	1.10	−0.03	−0.2
200804～200904	13.90	33.5	525.6	27.13	65.3	1 417.4	0.51	0.37	0.21	1.8
200904～201004	12.47	30.0	272.6	28.25	68.0	1 025.9	0.44	0.27	0.18	1.5

海床冲淤除年际变化外，也存在明显季节性变化。崎岖列岛海域处在东南季风区域，风和海浪具有明显的季节性交替变化，由此引起了海域水体含沙量的季节性变化和海床冲淤的季节性变化。前已所述，在洋山港区海

域，每年10月至翌年4月间的冬、春季，处在冬季寒潮大风和春季温带气旋的频繁活动季节，也是海区内波高增高的季节，波浪对海床尤其浅滩区掀沙作用较强，形成了洋山海域年内含沙量较高季节，泥沙在潮流作用下频繁运动，难以沉降，使海床地形处在缓慢冲刷状态中。而在5～10月期间的夏、秋季节，虽然有台风的侵袭，可出现全年最高的风浪，整个秋冬季节的逐月平均波高普遍高于春夏季节30～50个百分点，但整个季节里，风、浪均较静稳。由风浪作用为主因引起的海域海床地形的冲淤季节性变化，在堵汊工程后仍明显的存在。2006年4～10月为夏秋季，海床呈现大面积淤积；2006年10月至2007年4月为冬春风浪频繁季节，海床出现普遍冲刷；同样2007年4～10月海床以淤积为主(图3-16)，而2007年1月至翌年4月的冬季，海床大面积冲刷。这种海床季节性冲淤现象，与工程关系不大，仍然符合岛链内外海域自然环境的变化规律。

通过对洋山海区潮动力和泥沙运动分析并对照海床年际和季节性冲淤状态的变化，在汊道封堵期间随工程进展均发生不同程度的局部变化，其中以2005～2006年三期工程封堵海区东部汊口，即包括封堵其北段的将军帽—大指头岛汊口和南段的镬盖塘—小岩礁汊口间所引起的整个海区内潮动力场最大的变化，由此也引发最大范围的淤积区变迁。在大规模的工程结束后，海区内潮动力和泥沙场趋向调整过程，以与新的陆域边界完全适应。经过调整后的冲淤演变，变幅正在逐年趋弱，大范围淤积逐步得到削弱。淤积区内的淤积体积逐渐得到减小，冲刷区冲刷范围及体积得到扩大，整个海域泥沙淤积量不断趋小。从年际变化上，正在逐渐恢复以微冲为主的趋势，充分反映了三个汊道封堵，对岛内海区的水、沙条件和海床冲淤，主要是经历一个时间上的振荡而已，当前由堵汊工程所带来的影响正日益趋弱，再经过一定时间的调整，水流与地形相互适应，将达到新的冲淤平衡。这对今后海区内港池、航道的淤积无疑是十分有利的条件。

第 4 章

洋山海域在建港过程中的动力地貌学研究

4.1　潮动力过程

源于西北太平洋的源潮波进入东海后，其中半日分潮波以前进波的形式不断传向中国东海后，继而主要向黄海挺进，途中分股折向西北，分别进入杭州湾和长江口，杭州湾口外岛屿星罗棋布，迫使潮波又分数股穿越岛屿间通道入湾，其中最北股流经嵊泗和大衢山之间通道，途径洋山海域流入杭州湾北部。长江口巨量径流及冲淡水，主要向东南流经崎岖列岛东北海域，而杭州湾区仅有数百亿 m^3 的钱塘江径流汇入，因此洋山海域的水动力主要受控于东海前进波潮波系统。

4.1.1　潮波调和分析和潮位变化

1. 潮波分析

根据洋山海域工作船码头长期验潮站资料的统计和调和分析表明，洋山工程前至三期码头工程完成，平均潮差从 269.1 cm 增至 277.3 cm，增加 8.2 cm，增幅 3.0%，8 个主要调和分潮中的半日分潮振幅在工程后的增幅为 4.1%，日分潮增幅为 5.6%，而浅水分潮增幅为 49.9%，这样占总振幅 74%的半日分潮对工程后增大潮波增幅的贡献为 48%，日分潮为 23%，而仅占总振幅不足 4%的 3 个浅水分潮贡献为 29%（表 4－1），这明确的剖示，主控洋山海域水动力的潮能，在工程后有所增加，其主要源于工程后海域束狭，源潮波能量的聚集。增强了海域内的一阶潮波运动，而工程后由于潮波运动的底床和侧向边界明显变化而造成的非线性效应，使浅水分潮剧增，其对工程后水动力的变化起着相当大的作用，这一点是研究洋山工程后潮动力变化。

表 4-1　港区海域主要调和分潮波增幅工程前后比较

主要分潮		M_2	S_2	N_2	K_2	K_1	O_1	P_1	Q_1	M_4	MS_4	M_6
分潮振幅/cm	2001 年	124.56	50.03	21.61	14.13	29.27	17.96	8.46	3.42	5.26	4.41	0.83
	2007 年	130.96	51.60	21.90	14.56	31.04	19.88	8.20	3.32	8.01	6.64	1.08
差值/cm		6.40	1.57	0.29	0.43	1.87	1.92	0.26	0.10	2.75	2.23	0.25
增幅/%		5.1	3.1	1.3	3.0	6.0	10.7	−3.1	−2.9	52.3	50.6	30.1

2. 潮位变化和壅水

港区的海平面或潮位随潮周期不断地升降，通常海域在潮波传播方向后方的潮位比前方要高。表现在洋山主通道中，涨潮流自东向西期间一般东口门潮位比西口门高[图 4-1(a)]，反之落潮流期间西口门的潮位比东口门高[图 4-1(b)]。因而在洋山海域未进行工程前，北岸涨潮期间东口门小岩礁的潮位应该比中段工作船码头要高，而工作船码头比西口门北端的大乌龟高，落潮流东西潮位高差相反。2005 年 7 月，一、二期码头工程竣工，封堵了三个汊道，在小洋山前形成了 3.1 km 的顺直岸线，从而使北岸和沿线水位发生一定变化，据潮周期潮位和潮流同步观测资料统计，36 h 内 6 涨和 6 落时段内，北岸上述二个测站的平均潮位(表 4-2)，在涨潮期间自东向西平均潮位逐渐下降，小岩礁、工作船码头和大乌龟分别为 3.03 m、2.96 m 和 2.93 m，这与工程前水位坡降类同；但在落潮期间，由于北部两个汊道封堵，落潮流汇聚，港区因而下泄不畅，从而滞留在北岸工作船码头，二期工程水域的潮位上涨至 2.05 m，比西侧大乌龟平均高约 5.0 cm，略显壅水现象，而由此向东当时岸线尚无变化，加之东口的深槽，落潮流外泄仍然通畅，海面高程在西口又降至 2.00 m。

三期码头工程完成后，北港区驳岸线由一、二期码头的 3.1 km 向东延伸 2.55 km 至小岩礁，东口水域急剧缩窄，潮流运动的侧向边界明显变化。据 2008 年 5 月港区北岸三个临时验潮站的同步潮位观测资料统计(表 4-2)，涨潮期间北岸自东向西依次为小岩礁、工作船码头和大乌龟，潮位分别为 3.06 m、3.11 m 和 3.00 m，东口比西口水位高出 6.0 cm，但中间工作船码头比东西分别高出 5 cm 和 11 cm，这是由于第三期工程后涨潮流入港区

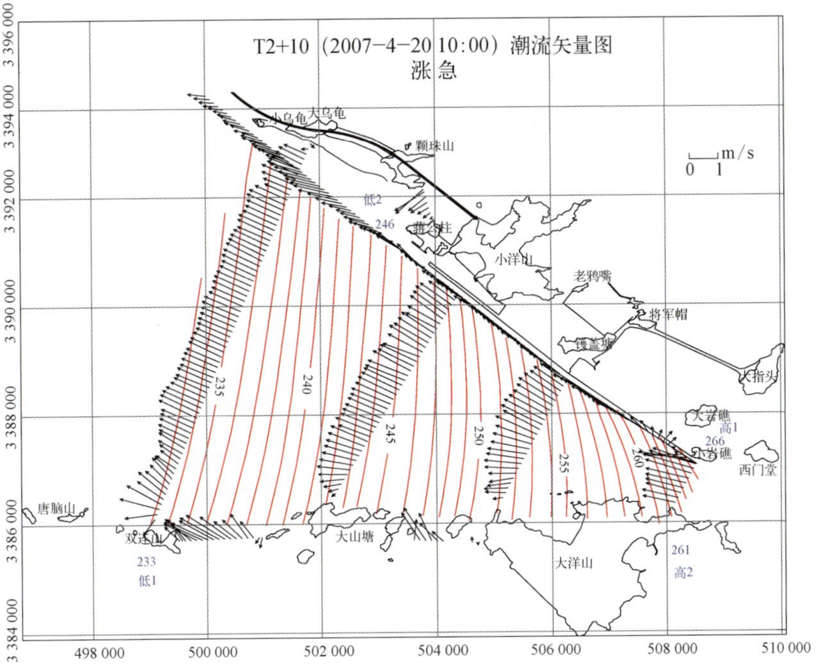

(a) 涨急

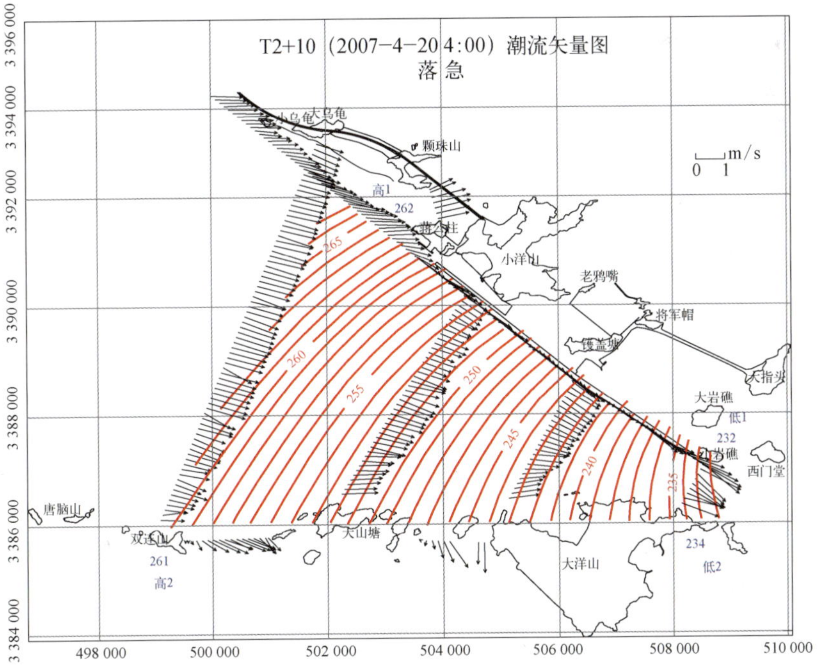

(b) 落急

图 4-1 主通道海域潮位与潮流

较集中沿北岸西流，在颗珠山汊口遇有较大夹角的经该汊道入主通道的涨潮流，使沿北岸的涨潮流受阻滞留，从而在工作船码头水域呈现壅水现象；同样在落潮流期间，主通道西口平均水位 1.78 m，略比东口 1.75 m 高，但中间工作船码头平均潮位高达 1.91 m，其比西侧高出 13 cm，比东侧高出 16 cm，通道水域北岸中部海面发生隆起，这是由于第三期工程后一、二期工程以东的大汊口被封，北部落潮流只能汇聚潮量，集中向东口门外泄，落潮流受阻滞留，从而也在工作船码头水域呈现壅水现象。正是由于这种在涨、落潮流期间潮流滞留而潮位升高，使得第三期工程后在该水域泥沙处于落淤积状态。

表 4-2　北岸三测站沿程变化　　（单位：m）

		2005 年 7 月 4～7 日			2008 年 5 月 5～8 日		
		大乌龟	工作船	小岩礁	大乌龟	工作船	小岩礁
涨潮流	前潮	3.51	3.51	3.55	2.46	2.52	2.55
	后潮	2.82	2.86	2.94	3.24	3.33	3.28
	前潮	3.33	3.39	3.45	2.99	3.13	3.08
	后潮	3.03	3.06	3.11	2.99	3.11	3.05
	前潮	3.52	3.55	3.66	3.33	3.48	3.41
	后潮	2.93	2.96	3.03	2.96	3.10	3.01
	平均	3.19	3.22	3.29	3.00	3.11	3.06
落潮流	前潮	2.21	2.21	2.23	2.07	2.18	2.08
	后潮	1.72	1.76	1.74	1.34	1.43	1.28
	前潮	2.16	2.23	2.17	2.16	2.29	2.13
	后潮	1.68	1.74	1.68	1.30	1.43	1.28
	前潮	2.37	2.43	2.34	2.20	2.39	2.18
	后潮	1.86	1.90	1.81	1.60	1.74	1.56
	平均	2.00	2.05	2.00	1.78	1.91	1.75

注：基面为理论基面

主通道南岸未建工程仍有两个汊道，水流较流畅，工程后沿岸潮位变化与北岸有差异，据 2008 年 5 月港区南岸三个临时验潮站的观测资料统计，涨潮期间南岸自东向西依次为大洋山东、大山塘和双连山的平均潮位分别为 3.00 m、2.97 m 和 2.88 m，潮位逐渐降低，东口比西口高出 12 cm，中间海面无隆起现象；落潮流期间，上述三个测站的潮位分别为 1.82 m、1.80 m

和 1.93 m,潮位自西向东降低,双连山水位明显高出大山塘水位 11 cm,而落潮流经大山塘汊道口后,沿大洋山北岸进入逐渐束窄的封闭海域,落潮流不畅,因而使南岸东口处水位略高于大山塘,略呈壅水现象。

4.1.2 潮流场空间分布特征

1. 主通道海域

据 2005 年 1 月始进行 ADCP 海流监测逐年统计至 2008 年 10 月,海域平均涨潮流速 0.88 m/s,落潮流速 0.95 m/s,落、涨流速比值为 1.08,落潮流总体占优(表 4-3)。

表 4-3 洋山海域各年平均流速及比值

日　期	涨速/(m/s)	落速/(m/s)	落/涨/(m/s)
2005.1	0.85	0.96	1.13
2005.4	0.86	0.85	0.99
2006	0.86	0.96	1.12
2007	0.93	0.98	1.05
2008	0.91	0.99	1.09
平均	0.882	0.948	1.075

(1) 通道横向分布:把主通道在横向上分为北部、中部和南中三部分;涨落潮流结构有所差异(表 4-4)。

表 4-4 主通道横向南、中、北三部落涨均速及其比值

日　期	涨潮流/(m/s)			落潮流/(m/s)			落速/涨速		
	北段	中央	南段	北段	中央	南段	北段	中央	南段
2005.1	0.82	0.96	0.68	0.90	1.05	0.88	1.10	1.09	1.29
2005.4	0.78	0.99	0.70	0.81	0.89	0.80	1.04	0.90	1.14
2006	0.88	1.00	0.63	0.90	0.99	0.87	1.02	0.99	1.38
2007	0.94	1.06	0.72	0.96	1.04	0.90	1.02	0.98	1.25
2008	0.90	1.03	0.67	0.92	1.03	0.89	1.02	1.00	1.33

① 北部:涨、落潮流均速分别为 0.86 m/s 和 0.90 m/s,落涨速比值为 1.05,落潮流略强于涨潮流;② 中部:流速相对较大,涨和落均速分别为 1.01 m/s和 1.00 m/s,速比为 0.99,涨潮流略大于落潮流;③ 南部:流速相对较小,落涨均速分别为 0.68 m/s 和 0.87 m/s,其中涨速相对较小,速比为 1.28,落潮流明显占优。

（2）通道纵向分布：将主通道自西向东划成西段、中段和东段三段。

① 西段：涨落均速分别为 0.79 m/s 和 0.92 m/s，速比为 1.17，落潮流速较大；② 中段：涨落均速分别为 0.82 m/s 和 0.87 m/s，速比 1.07，落潮流稍强；③ 东段：涨落均速分别为 1.09 m/s 和 1.12 m/s，流速相对较大，速比为 1.03，涨落流强度相近。

由上可知通道海域纵向东段流速最大，涨潮流速自东向西逐渐递减，至西部落潮流相对增强；横向通道中央流速最大，其中，涨潮流速较大，南部落潮流最强，而涨潮流最弱。

2. 汊道海域

颗珠山汊道在工程前（2002.7）据定点观测（T_2 站）测得涨、落潮流均速分别为 0.68 m/s 和 0.83 m/s，涨落速比 1.22；涨、落急流速分别为 1.79 m/s 和 2.09 m/s，涨落历时分别为 10:48 和 15:12，落潮流历时约长 4.5 h；涨落潮量枯季为 1.63 亿 m^3 和 2.75 亿 m^3，落涨潮量比为 1.69。因而汊道为以落潮流占优的外泄潮量汊道。

工程后颗珠山汊道断面自 2003 年 12 月始开展 ADCP－9 全断面观测，共有 11 期，据此系列资料进行统计分析，得大潮断面平均涨、落流速为 0.53 m/s和 0.74 m/s，落涨流速比值为 1.40（表 4－5），落潮流速明显大于涨潮流速；落潮流历时 13 h 18 min，涨潮流历时 11 h 08 min，一周日落潮流历时比涨潮流历时长 2 h，因而落潮流明显强于涨潮流。汊道中在离蒋公柱约 200 m 处多次测得最大落潮流速 2.24 m/s，在离颗珠山 50 m 处曾测得最大涨潮流速 2.16 m/s。

表 4－5　颗珠山汊道多年平均流速、流向和速比

		颗珠山		中间		蒋公柱		全断面		落速/涨速			
		涨	落	涨	落	涨	落	涨	落	颗珠山	中间	蒋公柱	全段
2003.12	流速/(m/s)	0.64	0.83	0.53	0.90	0.36	0.89	0.54	0.88	1.30	1.70	2.47	1.63
	流向/(°)	242	81	250	89	257	88	249	86				
2005.4	流速/(m/s)	0.70	0.54	0.61	0.77	0.44	0.77	0.58	0.69	0.77	1.26	1.75	1.19
	流向/(°)	248	69	255	79	257	75	253	74				
2006.10	流速/(m/s)	0.61	0.61	0.48	0.84	0.30	0.73	0.49	0.72	1.00	1.75	2.43	1.47
	流向/(°)	239	75	250	80	253	76	247	77				

(续表)

		颗珠山		中间		蒋公柱		全断面		落速/涨速			
		涨	落	涨	落	涨	落	涨	落	颗珠山	中间	蒋公柱	全段
2007.10	流速/(m/s)	0.75	0.73	0.61	0.96	0.41	0.85	0.61	0.88	0.97	1.57	2.07	1.44
	流向/(°)	244	74	251	79	251	77	247	77				
2008.10	流速/(m/s)	0.73	0.62	0.57	0.93	0.38	0.84	0.57	0.78	0.85	1.63	2.21	1.37
	流向/(°)	238	65	246	74	251	73	244	70				
各年平均	流速/(m/s)	0.69	0.67	0.56	0.88	0.38	0.82	0.56	0.79	0.92	1.60	2.18	1.40
	流向/(°)	242	73	250	80	254	78	248	77				

1）横向分布

（1）流速：断面北端（颗珠山侧）涨落均速及其比值分别为 0.66 m/s、0.67 m/s和 0.92，涨潮流速大于落潮流速；中央段分布为 0.56 m/s、0.88 m/s和 1.70，落潮流速最大；南端（蒋公柱侧）涨落均速及其比值分别为 0.38 m/s、0.82 m/s 和 2.47，涨潮流速较小，比值极大。整个断面涨潮流速北段大，向南渐减；落潮流速北段最小。在汉道横向断面上，近颗珠山一侧涨潮流占优，中央和南段落潮流明显占优，特别近蒋公柱一侧因涨潮流较小，落潮流远大于涨潮流；

（2）流向：断面南北段落潮流向均为向东偏北约 76°；涨潮流向均为向西偏南，南端约为 252°，北端更偏南约 242°；涨落潮流历时：断面南北涨落历时相差甚远。北端涨潮流历时约 13 h 37 min，落潮流历时约 11 h 06 min，涨比落历时长 2.5 h；而南端涨落潮流历时分别为 9 h 15 min 和 15 h 00 min，落比涨历时长达 5.7 h。由于横向上存在这种明显的历时差，故一周日内南北端约有 5～6 h 流向相反。中央段涨、落流历时为 10 h 46 min 和 13 h 34 min，落、涨历时差约 3 h。

2）纵向分布

在汉道的纵向断面上，落潮流自西进入汉道向东流，流速逐渐较小，其中流至中段的南侧，落潮流速略有增大，而北侧明显减小；涨潮流自东流入汉道向西流，经汉道中段而减小，由约 0.74 m/s 减至 0.54 m/s，流入主通道后增至 0.79 m/s，其中在流经汉道中段南北差别极大，北侧涨急流速达 2 m/s，南侧涨速仅 0.2 m/s，相差达 10 倍。汉道东口落涨流速及比值分别为 0.75 m/s、0.74 m/s 和 1.01 m/s；汉道中段为 0.78 m/s、0.57 m/s 和

1.37 m/s;汊道西口为 1.06 m/s、0.79 m/s 和 1.38 m/s。显然汊道内落潮流占较大优势。近东口优势明显减弱。汊道水流方向基本上沿蒋公柱—小洋山北岸岸线走向方向,平均涨落潮流向 245°～70°,涨潮流一旦流入主通道,受主通道涨潮流顶托,使其转成 280°左右。

表 4-6　北港区沿岸水域各年潮流特征值统计

分段范围	日期	潮段平均流速				落速/涨速	弱流(<0.3 m/s)		涨、落潮流	
		涨潮流		落潮流			历时		历时	
		流速/(m/s)	变率/%	流速/(m/s)	变率/%		落潮流(h:min)	落潮流(h:min)	落潮流(h:min)	落潮流(h:min)
颗珠山汊道以西(0～3 800 m)	2003.12	0.68		0.95		1.40	1:07	0:58	4:58	7:22
	2007.04	0.63	−7	0.84	−12	1.33	1:25	1:13	5:19	7:04
	2007.10	0.70	11	0.95	13	1.36	1:05		5:11	7:06
	2008.05	0.65	−7	0.78	−18	1.20			5:16	6:57
	2008.10	0.60	−8	0.81	4	1.35			5:26	6:59
蒋公柱、工作船码头(3 900～4 800 m)	2003.12	0.51		0.75		1.47	1:49	1:15	5:18	7:10
	2007.04	0.58	14	0.70	−7	1.21	2:04	1:31	5:11	7:03
	2007.10	0.56	−3	0.76	9	1.49			5:07	7:14
	2008.05	0.61	9	0.72	−5	1.18			5:22	6:56
	2008.10	0.55	−10	0.78	8	1.36			5:45	6:35
二期码头(4 900～6 400 m)	2003.12	0.72		1.21		1.68	0:55	0:38	5:20	6:54
	2007.04	0.55	−24	0.81	−33	1.47	1:11	1:01	5:11	7:11
	2007.10	0.60	9	0.76	−6	1.27	1:31	1:09	5:19	6:57
	2008.05	0.62	3	0.81	7	1.31			5:21	6:58
	2008.10	0.54	−13	0.86	6	1.59			5:48	6:36
一期码头(6 500～8 100 m)	2003.12	0.65		1.22		1.88	0:54	0:54	5:21	6:54
	2007.04	0.35	−46	0.57	−53	1.63	2:53	4:31	5:23	7:12
	2007.10	0.69	97	0.86	51	1.25	1:10	1:49	5:37	6:58
	2008.05	0.73	6	0.90	5	1.23			5:53	6:31
	2008.10	0.70	−4	0.96	7	1.37			5:57	6:17
三期码头(8 200～10 900 m)	2003.12	0.59		1.00		1.69			5:48	6:43
	2007.04	0.40	−32	0.61	−39	1.49	1:30	1:08	5:59	5:58
	2007.10	0.57	43	0.75	23	1.32	1:06	1:25	5:13	7:09
	2008.05	0.64	12	0.86	15	1.34			5:38	6:55
	2008.10	0.67	5	0.85	−1	1.27			5:32	6:45

4.1.3 潮流运动特征及结构变化

1. 北港区沿岸海域

北港区(包括规划的西港区)从大乌龟至东口的小岩礁共10.9 km的沿岸断面,水域在洋山工程前落、涨潮流均速分别为1.03 m/s和0.63 m/s;一、二期工程完成封堵了二个汊道后,流速急速减小,落、涨均速分别为0.71 m/s和0.49 m/s,落速减小31%,涨速减小22%,因此可见,洋山港该时段工程后水动力条件变化较大,减弱明显,特别其中一期码头水域涨潮流速和落潮流速分别剧减46%和53%,落潮流历时明显增长;第三期工程封堵了邻近通道东口的最大汊道后,流速重新增大,断面平均涨潮流速为0.61 m/s,东侧增大28%,落潮流速为0.78 m/s,增大10%,其中一期码头水域涨潮流急增97%,落潮流增加16%,三期码头水域流速也明显增加,而断面西侧增加较少。三期工程全部完成后全海域无重要工程,流场进行调整,断面平均流速渐增加4%～6%,而后,涨落潮平均流速分别保持在0.65 m/s和0.81～0.85 m/s,变化不大。北港区沿岸水域落潮流明显强于涨潮流,但这种落潮优势在递减。工程前平均落涨流速比值为1.62,后随工程进行而减小,一、二期工程后减为1.48,三期完成后又减至1.28,表明落潮流相对减弱,涨潮流相对增加。据不同工程时段所测资料,绘制北岛链码头前沿断面同潮流矢图(图4-2),图中流矢向左为涨潮流,向右为落潮流。由于本区为往复性潮流,因而在一个半日潮周期中基本上有五个多小时流矢向左,而约有六个多小时流矢向右,其中有二个转流时段,即涨憩和落憩。从图4-2中可见,工程无论进展至何阶段,断面上涨、落流矢状况基本相同,但约占4 h的涨憩和落憩流矢却有明显的差异。洋山工程前(2002.10),断面上的潮流在一、二期码头前沿以短暂时间形成“汇”和“散”后转向,从而憩流期间的弱流时段较短,而一、二期码头工程完成后(2005.1),该时段在断面上形成众多的“汇”和“散”,流向相当混乱,从而延长了憩流期间的弱流时段,使断面潮流平均流速明显减小,这种现象也体现了工程后潮流侧向边界的变更而产生的非线性效应的反应。第三期码头工程后(2007.4),断面转流时段的流况又有明显的改变,流况变得“简明”,转流时段缩短,仅在颗珠山汊道口形成“汇”和“散”,这样使断面流速有所增加;全部工程完成后一年(2008.5),转流流况基本维持不变,只是“汇”和“散”处向东移至蒋公柱和工作船码头水域(图4-3)。

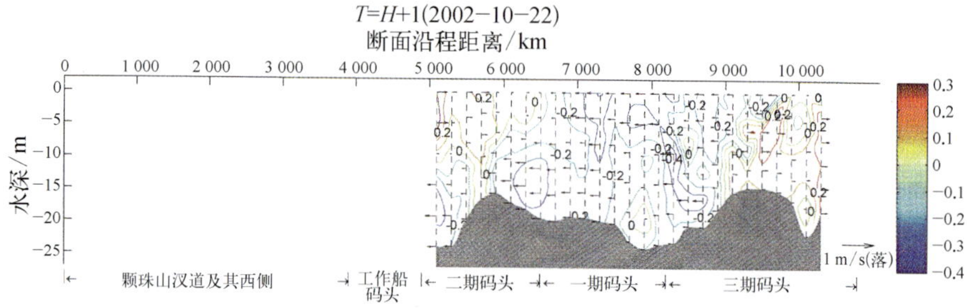

(a) 2002年10月22日高平后1 h

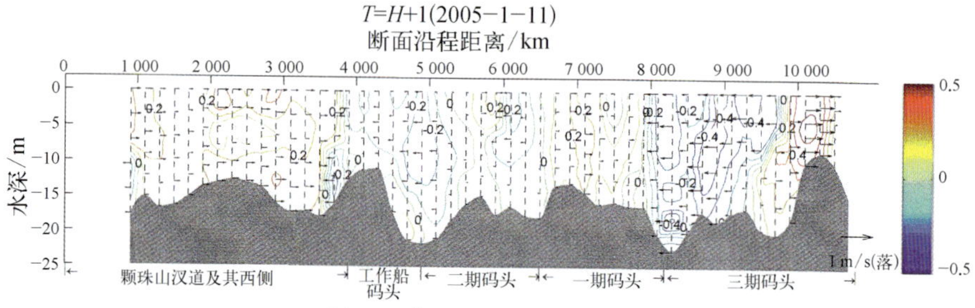

(b) 2005年1月11日高平后1 h

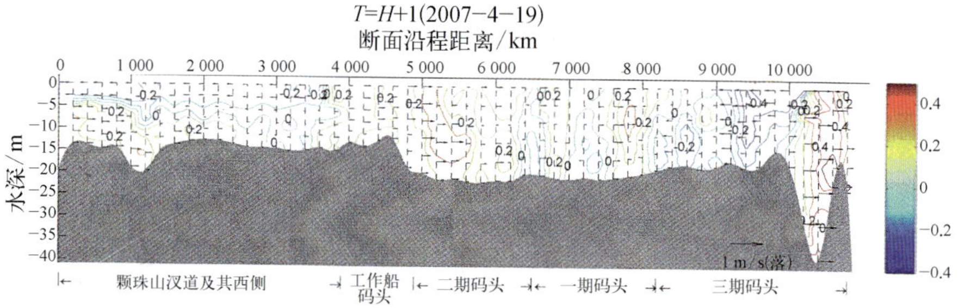

(c) 2007年4月19日高平后1 h

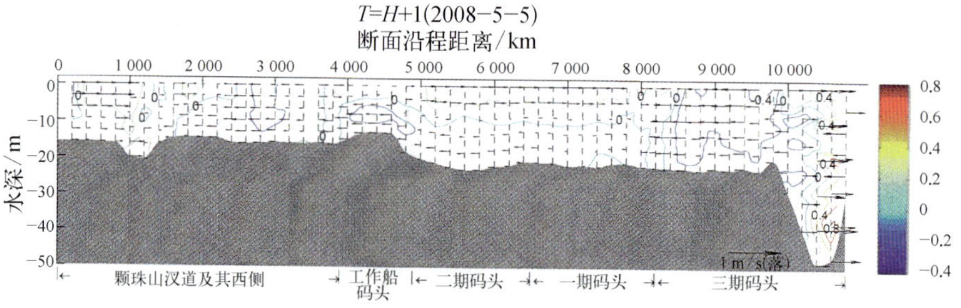

(d) 2008年5月5日高平后1 h

图4-2　北岛链码头前沿断面同潮流矢图(涨憩)

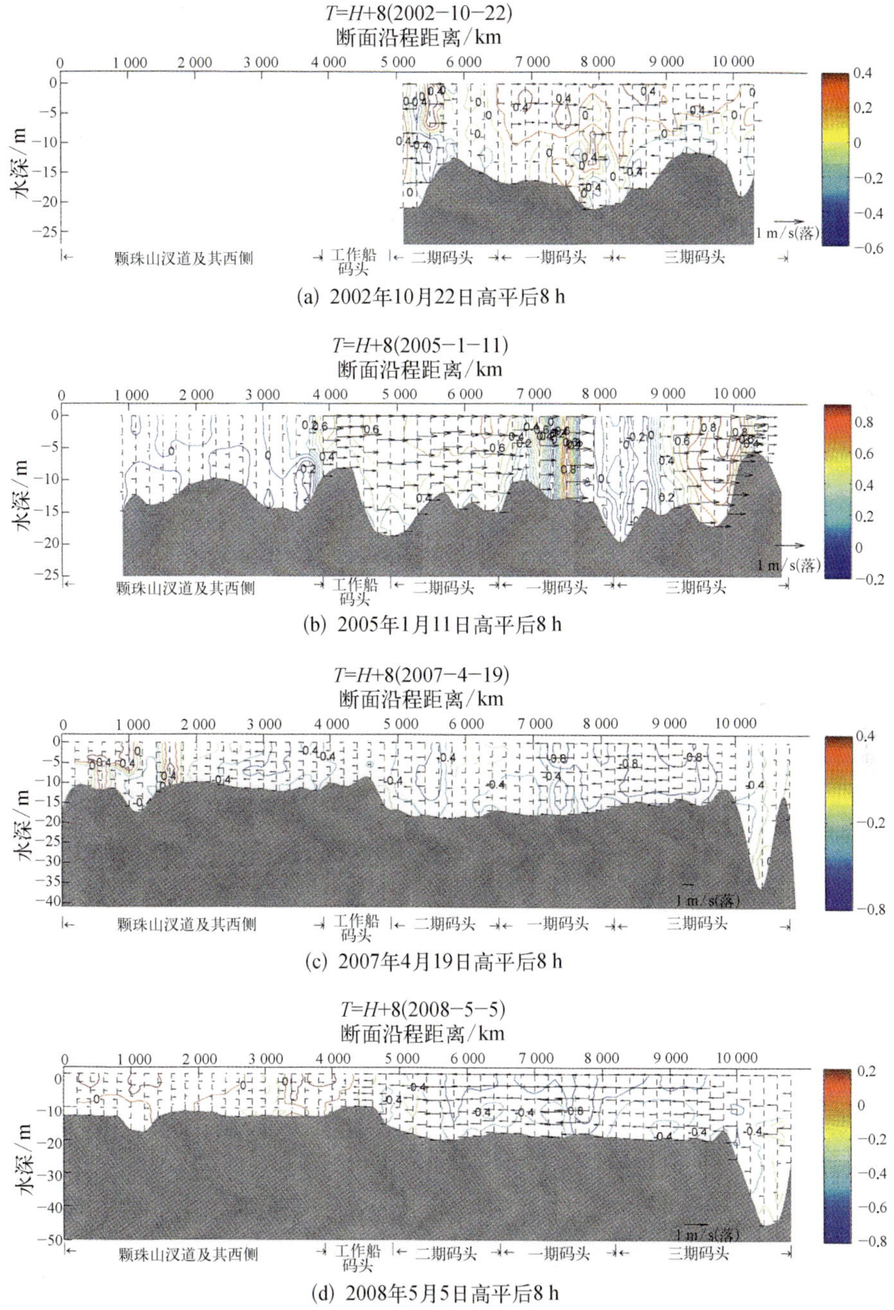

(a) 2002年10月22日高平后8 h

(b) 2005年1月11日高平后8 h

(c) 2007年4月19日高平后8 h

(d) 2008年5月5日高平后8 h

图4-3 北岛链码头前沿断面同潮流矢图(落憩)

据沿北港区断面平均流速分段统计(表4-7)来看,北港区沿岸全断面平均流速为0.72 m/s,其涨、落均速分别为0.60 m/s和0.84 m/s,落潮流速明显大于涨潮流速,其中在蒋公柱和工作船码头前沿水域流速相对较小,平均流速为0.65 m/s,其涨落潮流速分别为0.56 m/s和0.74 m/s。造成此区段流速减缓主因是该段转流时弱流时段相对较长之故,产生此现象有四个因素:① 由涨转成落潮流初期,岛链外大乌龟东北贴岸向东的落潮流至小洋山受阻于北伸地势后,转入沿蒋公柱岛北侧入港区继而沿工作船码头向东流,与此同时,与北港区北岸仍为西流的涨潮流顶冲;② 据水位分析,在北岸该区段水域无论在涨、落潮流时段均有壅水现象,阻滞了水流运动;③ 三期工程后,该区段形成潮流转流时的"汇"和"散"的节点,憩流时的弱流时段增长;④ 水下地形隆起,水深较浅,水流受底床影响较大。也正是由于该区段潮流较弱,是利于泥沙淤积的地段。据2007年后的地形测图比较,该段处于淤积环境。

表4-7 北港区沿岸水域分段平均流速 (单位: m/s)

分段范围	涨潮流	落潮流	涨落平均
颗珠山汊道以西	0.65	0.87	0.76
蒋公柱、工作船	0.56	0.74	0.65
二期码头	0.61	0.89	0.75
一期码头	0.62	0.90	0.76
三期码头	0.57	0.81	0.69
平均	0.60	0.84	0.72

2. 港区主通道水域

工程前(2002.10),通道西口根据中间 W_1、W_2 和 W_3 测站测得涨、落流均速分别为0.95 m/s和1.13 m/s,东口根据ADCP-16断面测得分别为0.83 m/s和1.10 m/s。主通道海域地势明显地制约着潮流的运动,西宽东狭的喇叭地形,落>涨,落幅聚,涨幅散。在整个工程各阶段中,至2005年一、二期工程完成后,通道海域流速与港区北岸流速类似,流速减至最低,特别落潮流速由0.96 m/s减至0.85 m/s。落涨速比为0.99,涨、落流速均势;三期码头工程之后,落潮流速转而增加,至2008年落涨流速分别达0.99 m/s和0.94 m/s,速比为1.09,落潮流增速更快，通道中落潮流恢复优势。工程前北侧海岛棋布，汊道纵横，因而流场较混乱，工程后，北岛链形成一平直岸线，从而理顺了通道北部的流场。潮流基本顺岸运动。整个主通道西宽向东急速束狭，形成一南北基本对称的喇叭形海域，西段宽阔喇叭口“张迎”由杭州湾的落潮流，入通道后潮能不断汇聚，潮流不断增速，形成落潮流速自西向东渐增；反之，涨潮流由外海自东向西，经狭窄的东口流入主通道潮流散射，潮能逐渐幅散，从而形成涨潮流自东向西递减，由于主通道平面形状的对称性，无论涨、落潮流，工程前其潮流主轴位于中央。工程后地势的变化，使涨潮流主轴向北偏，而落潮流主轴向南偏，造成涨、落潮流主轴南北分离(图 4-4 至图 4-7)。

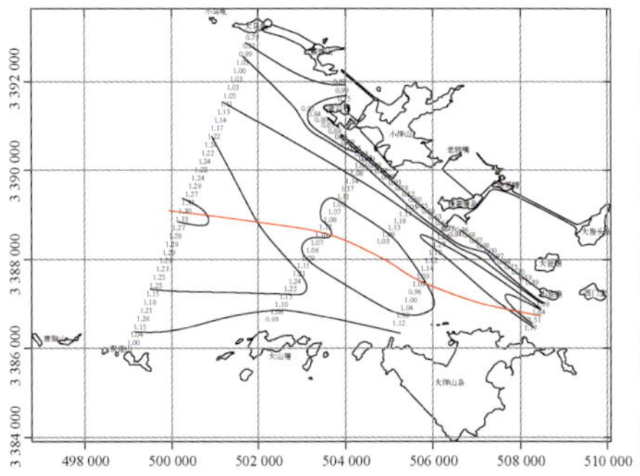

(a) 洋山港区2005.01测次落潮表层流速等值线图　(b) 洋山港区2007.01测次落潮表层流速等值线图

图 4-4　主通道 2005 年 1 月和 2007 年 1 月表层落潮流主轴图

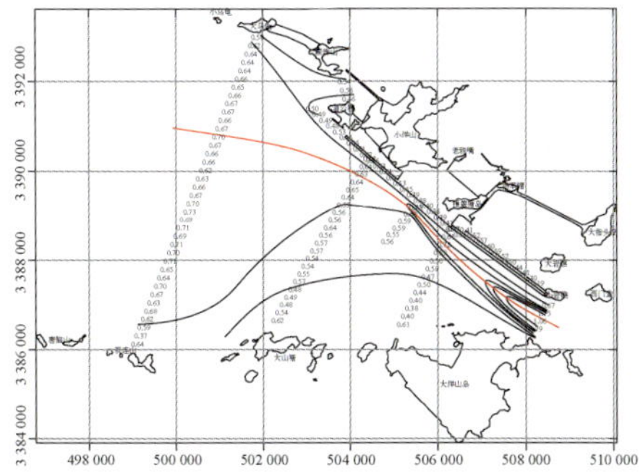

(a) 洋山港区2005.01测次落潮底层流速等值线图　(b) 洋山港区2007.01测次落潮底层流速等值线图

图 4-5　主通道 2005 年 1 月和 2007 年 1 月底层落潮流主轴图

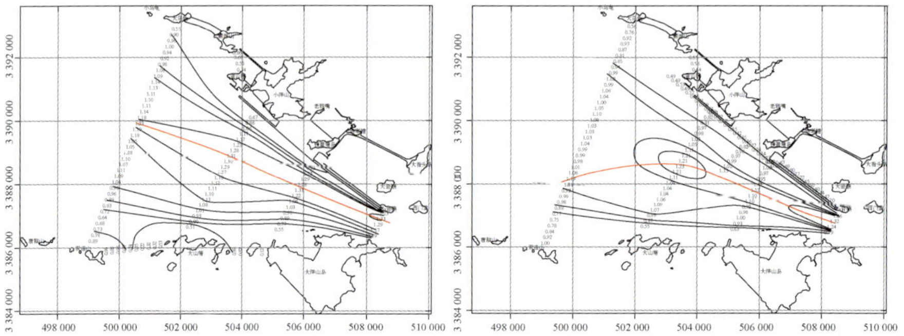

(a) 洋山港区2007.01测次涨潮表层流速等值线图　(b) 洋山港区2005.01测次涨潮表层流速等值线图

图 4-6　主通道 2005 年 1 月和 2007 年 1 月表层涨潮流主轴图

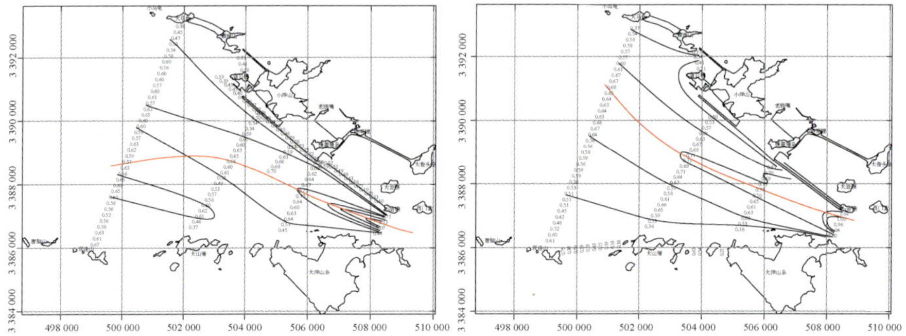

(a) 洋山港区2005.01测次涨潮底层流速等值线图　(b) 洋山港区2007.01测次涨潮底层流速等值线图

图 4-7　主通道 2005 年 1 月和 2007 年 1 月底层涨潮流主轴图

主通道工程后地形的变化，使海域内潮流运动无论在涨憩或落憩造成一时段不甚长的过渡期，形成有规则但较弱的全海域范围的环状流动，这类流动相当程度地影响了港区海床的冲淤变化。

3. 颗珠山汊道

颗珠山汊道大体呈东西方向走向，东邻开阔海域，西接洋山主通道海域；汊道两岸岸长极不对称，北侧仅有颗珠山岛岸线，而南侧有蒋公柱至小洋山约 3.5 km 岸线，由于小洋山北的杨梅嘴突入海中，对进入汊道的涨潮流起了相当程度地挑流作用，而当落潮流初始，颗珠山东侧的落潮流又受其阻挡，部分水流会转向西流入汊道，因而汊道流场较为复杂，对地形变化颇为敏感。当洋山港区潮位低平潮时，主通道内保持东南向落潮流，但汊道近颗珠山东端，首先转向为弱流，而后率先转向西，开始于北岸形成涨潮流，在南岸形成一逆时针向弱流，再后全汊道转成西向涨潮流；当洋山港区潮位高平潮时，主通道内潮流保持西北向，汊道为西向涨潮流，但此时蒋公柱东端首先转向为弱流，造成汊道沿横断面流的南向流，并以断面为界，以西成为东南向的弱流，以东仍为西向的弱涨潮流，而后全通道在逐转成东向落潮流。这一过程造成西港区东部有2～3 h的弱流过程。

在洋山工程前自然状况下，汊道水域涨、落均速分别为0.54 m/s和0.88 m/s，速比为1.63；涨、落潮流平均方向为248°和86°；涨、落流历时约为11 h和14 h，为一落潮流占相当优势的汊道；一期工程中大乌龟—颗珠山汊道封堵陆连后，其前沿水域立即呈现大面积淤积，从而减阻了流经汊道的落潮流至0.73 m/s。东侧北围堤封堵后，落潮流速又减至0.69 m/s，涨潮流速略增至0.58 m/s，速比减至1.19，显然落潮流优势相对减弱；三期码头工程后至2007年10月，流速比值增大，涨、落均速分别增至0.61 m/s和0.88 m/s，速比为1.44，涨、落流历时分别约11 h和13.6 h，落潮流又明显占优。此后随总体工程结束，流场逐渐调整，流速渐缓，至2008年10月，涨、落均速分别减至0.53 m/s和0.77 m/s。

潮流的峡道效应在颗珠山汊道横断面上的表现尤为明显，并随工程和潮况有所变化。在一、二期工程竣工后，颗珠山侧(涨潮流向的右侧)涨速为0.70 m/s，蒋公柱侧(涨潮流向的左侧)为0.58 m/s，涨潮流速右侧比左侧快0.11 m/s；而三期工程完成后，左右两侧流速差值增至0.20 m/s；而落潮流期间，蒋公柱侧(落潮流向之右侧)落潮流速比颗珠山侧(落潮流向之左侧)在一、二期工程竣工后快0.23 m/s，以后略减至0.20 m/s。这种在横断面上涨、落潮流的差异还随潮况不同而明显不同：大潮期间断面平均涨、落潮流比为1.39，该时断面南北向变化梯度最大，近颗珠山的北段，该比值为0.61，表明涨潮流强，而近蒋公柱的南端，该比值为3.11，表明落潮流在此段极强，涨潮流极小；小潮期间断面平均落、涨比值为1.27，南北端分别为0.83和1.74，涨、落潮流相对较接近。

4. 蒋公柱及工作船码头前沿水域

该水域位于北港区岸线中段，为流速最小的岸段，在一个潮周期中，平均流速小于0.30 m/s的弱流时段达3.5～4.5 h，是涨、落潮转流时的交汇段，平均涨均速0.57～0.60 m/s，落均速0.74～0.86 m/s。随工程进展其流场变化与北港区类似：在洋山工程前，流速相对较强，涨、落均速分别为 0.64 m/s 和 0.98 m/s，速比 1.53；一、二期码头工程后，涨、落均速分别减至 0.45 m/s 和 0.66 m/s，速比为 1.47；三期码头工程后，蒋公柱前涨、落均速分别增至 0.58 m/s 和 0.88 m/s，工作船码头前涨均速增至0.61 m/s，而落均速略减至 0.73 m/s，前者速比略增为 1.52，落潮流优势更甚，而后者速比剧减，落潮流优势减弱。

5. 西港区海域

本海域系大、小乌龟山以南，颗珠山和蒋公柱以西海域，即将在本海域进行西港区工程建设。因海域相对较开阔，水流具有较稳定的潮运动规律，潮流基本按西南偏北和东偏南方向，涨落往复流动，但由于海域东接颗珠山汊道，蒋公柱附近海床不甚稳定，因而在转流的涨、落憩期间流场相对复杂，会形成海域范围内的顺时针向和逆时针向的弱环流。区域内涨均速为 0.78 m/s，流向 286°；落均速 0.92 m/s，流向 101°，速比 1.21，一周日内涨、落潮流历时 11 h 20 min 和 13 h 06 min，落潮流明显占优势，特别在小乌龟山附近落潮流历时长达 19.5 h(图 4－8)。据 2008 年 10 月在乌龟山—颗珠山前拟建西港区码头前 5 个断面的观测资料分析(图 4－9)，西港区大部分水域流速在 0.90～1.00 m/s，在近岸诸岛附近速度变化梯度相当大，在离岸

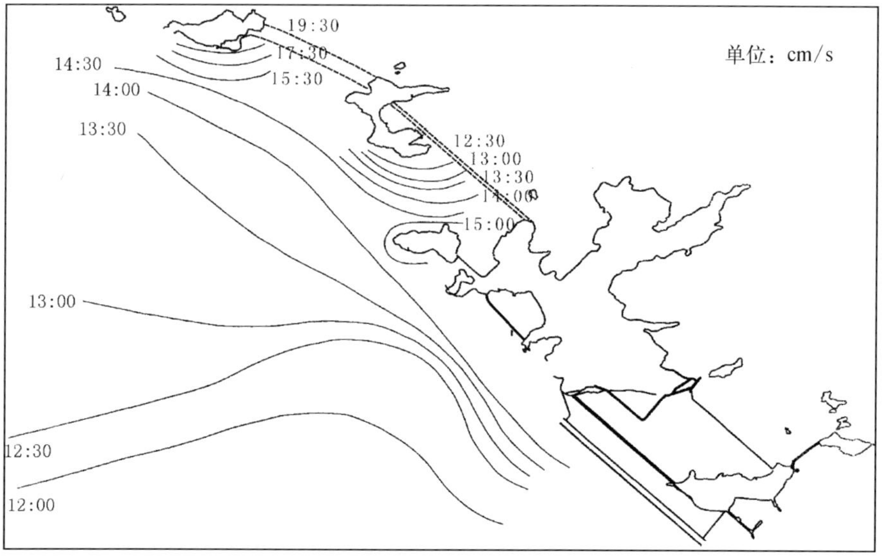

图 4－8　西港区落潮历时等值线

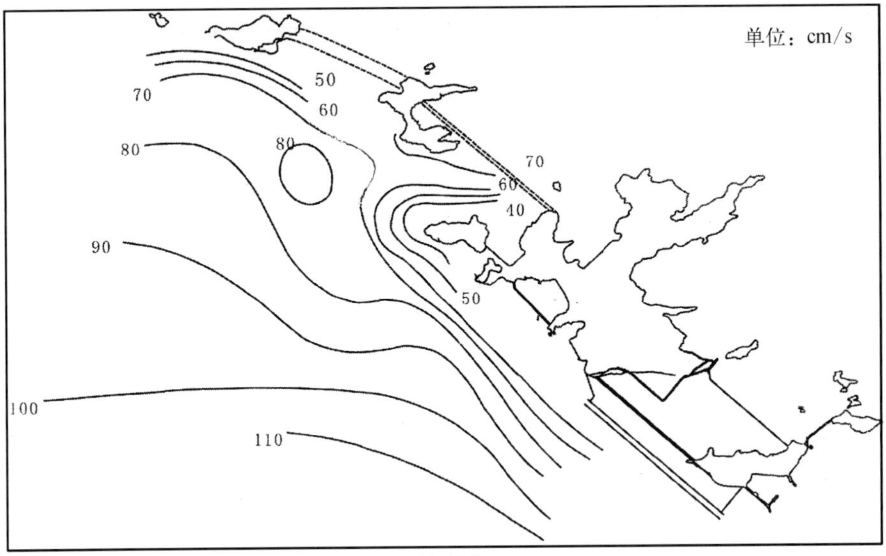

(a) 涨潮

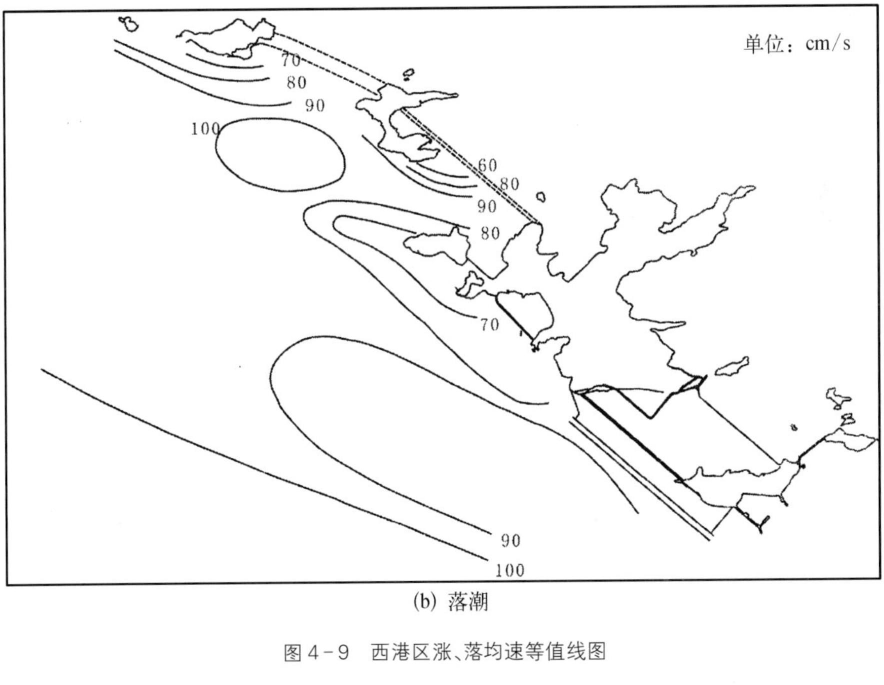

(b) 落潮

图4-9 西港区涨、落均速等值线图

300～400 m 范围内，速度从 0.50 m/s 递增至 0.90 m/s。在颗珠山汊道西口，有一落潮流高速区，落均速在 1 m/s 以上。

在西港区布有 K_4 测站，位于大乌龟山南，其观测日期为 2003 年 10 月，此时一期北围堤和大乌龟—颗珠山汊道封堵工程正在进行中(2003.10)，测得平均涨、落潮流速分别为 0.64 m/s 和 0.73 m/s。三期工程即将竣工(2006.5)，测得为 0.71 m/s 和 0.80 m/s，表明工程后流速约增 10%左右。

4.2 欧拉余流场

4.2.1 余流场空间分布特征

据 2005 年 4 月、2007 年 4 月、2007 年 10 月和 2008 年 5 月大潮期间，ADCP 海流周日连续观测资料，分层计算欧拉余流。

1. 余流平面分布

主通道余流流向基本上一直向东，从开阔的西口沿岸界，逐渐向东汇聚流向束窄的东口。只有在通道东部中央有较弱逆向的西向流(图 4-10，图 4-11)。

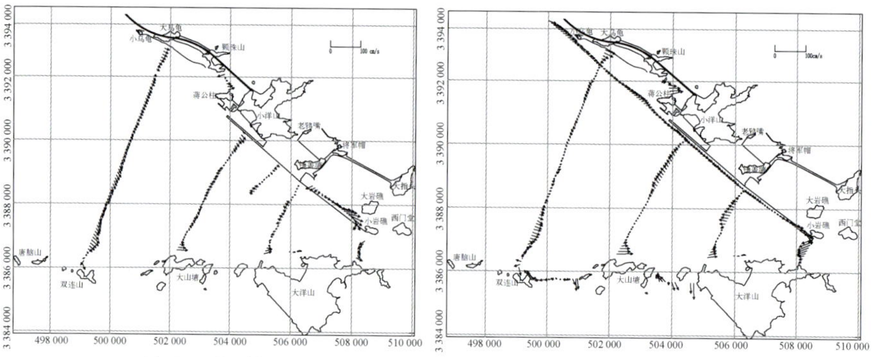

(a) 2005年4月　　(b) 2007年4月

图 4-10　洋山海域垂线平均余流图

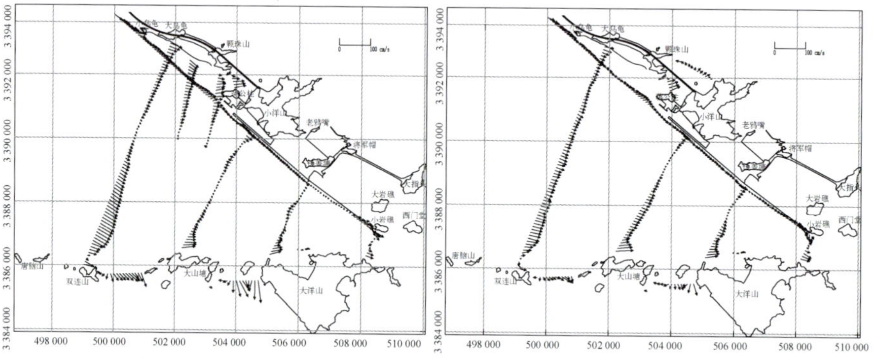

(a) 2007年10月　　(b) 2005年5月

图 4-11　洋山海域垂线平均余流图

按横向分布，主通道中南北近岸余流相对较强，垂线平均流速为 22～32 cm/s，中央流速较小，为 8～13 cm/s；按纵向分布，主通道东、西口门断面流速较大，西口断面平均约 20 cm/s，东口断面最大平均约 40 cm/s，特别近小岩礁水域达 45～50 cm/s；中部相对较小，平均约 15 cm/s（表 4-8）。

表 4-8　主通道余流　（单位：cm/s）

断面	13*				12*				14				16			
日期	北	中	南	均	北	中	南	均	北	中	南	均	北	中	南	均
2005.1	21	20	22	21	17	6	14	12	14	23	32	23	45	34	37	38
2007.4	14	13	26	18	8	10	26	15	8	9	25	14	50	41	20	37
2007.10	17	13	33	21	12	8	26	15	5	11	23	13	12	10	18	13
2008.5	19	23	37	26	9	18	39	22	6	14	52	29	17	21	31	23

颗珠山汊道贴近颗珠山一侧余流流向为西南向，通道内，而断面绝大部分流向为西北方向，流向外海，与落潮流方向一致。断面平均流速为 20～30 cm/s，其中南端蒋公柱一侧流速相当大，一般在 40 cm/s 以上。南部大洋山岛链中的两个汊道均为从主通道向外流出的余流。平均余流约为 20 cm/s，一般以汊口东部流速较大（表 4-9）。

表 4-9　南北汊道余流　（单位：cm/s）

断面	9*				22*				23*			
日期	南	中	东	均	北	中	南	均	北	中	南	均
2007.4	16	37	42	32	21	11	25	19	23	26	48	32
2007.10	11	29	37	26	13	24	30	22	14	40	53	36
2008.5	16	42	43	34	14	6	31	17	25	16	23	21

2. 余流垂线分布

洋山海域余流的垂直分布与一般流场类似，自表向底逐渐减小，但其上层递减梯度较大，而下层递减梯度较小，往往而特别是通道中央 0.6 水层的流速已减至表层的 50%，而底层的流速比 0.6 水层仅减小 10%～20%。在主通道中余流垂向分布具有一明显特征是由于近岸水域中层和底层余流均相当强，因而自表层向底层流速递减的梯度相当小，流速分布均匀。

4.2.2　余流场时间变化特征

据主通道中部 P_1 测站多年余流统计（表 4-10）表明，余流与潮周期相异性不大，但洋山港工程对主通道余流有一定影响。从表中可看出工程前1999年2月，余流流速表层36～42 cm/s，垂线平均13～16 cm/s；2002年7月工程开始前余流流速类似，垂线平均12～18 cm/s；一、二、三期工程后余流流速迅速减小，表层减至5～10 cm/s，垂线平均减至4～8 cm/s；全部工程完成，海域水动力进行调整期间，余流又重新增强，垂线平均达7～12 cm/s。

表4-10　P_1测站余流

	日期	1999.2		2002.7		2005.7		2007.4		2008.5	
		流速/(cm/s)	流向/(°)	流速/(cm/s)	流向/(°)	流速/(cm/s)	流向/(°)	流速/(cm/s)	流向/(°)	流速/(cm/s)	流向/(°)
大潮	表	36	155	25	135	7	332	4	83	20	87
	中	8	177	6	143	5	224	3	202	10	97
	底	4	276	9	185	4	174	4	185	5	72
	均	16	168	13	138	5	253	4	151	12	88
中潮	表	37	177	29	163	10	251	4	289	8	111
	中	12	217	9	188	9	224	4	269	9	88
	底	5	273	6	146	8	171	3	261	6	359
	均	18	194	15	164	9	237	4	287	8	86
小潮	表	42	33	33	89	8	33	6	81	4	68
	中	7	148	10	103	3	290	7	354	8	54
	底	3	154	26	130	4	143	6	282	7	356
	均	17	154	25	107	5	349	6	360	6	50

4.3　潮动力和泥沙运动与海床冲淤变化的相关性

4.3.1　港区海域水体水平运动中的潮汐弱环流与泥沙运动

工程后由于港区北岸三个汊道的封堵，潮流运动的侧向边界发生变化，潮波在沿岸界运动过程中不断受边界反射，在近岸水域内逐向驻波性质变异，从而产生港区横向断面上潮位与潮流位相上的差异，因而港区潮流在往复运动过程中发生转流时，近岸潮流先发生转向，通道中央往往推迟1～2 h才能转向，造成港区内潮流转流期间流路不一，导致该时段内环状水流的形成，我们将其定义为潮汐欧拉弱环流。涨转落（涨憩)和落转涨(落憩)时段的环流不尽相同。工程前由于港区内未进行ADCP断面测流,不能据系统的同步资料分析,但根据众多的定点周日连续水沙观测资料以及数值模拟判断,在北岛链汊道未堵之前,港区潮流转流时类似于杭州湾,由落转涨时,在水域横向断面上形成一线状的涨落潮流“幅聚带”,而由涨转落时,在水域横向上涨落潮流形成一“幅散带”。据工程期间和工程完成后,2005 年 4 月、2007 年 4 月、2007 年 10 月和 2008 年 5 月是个代表日期的港区主通道同潮流矢图(欧拉流场)中均出现了这样的潮汐环流(图 4－12,图 4－13,图 4－14,图 4－15),在一个半日潮周期

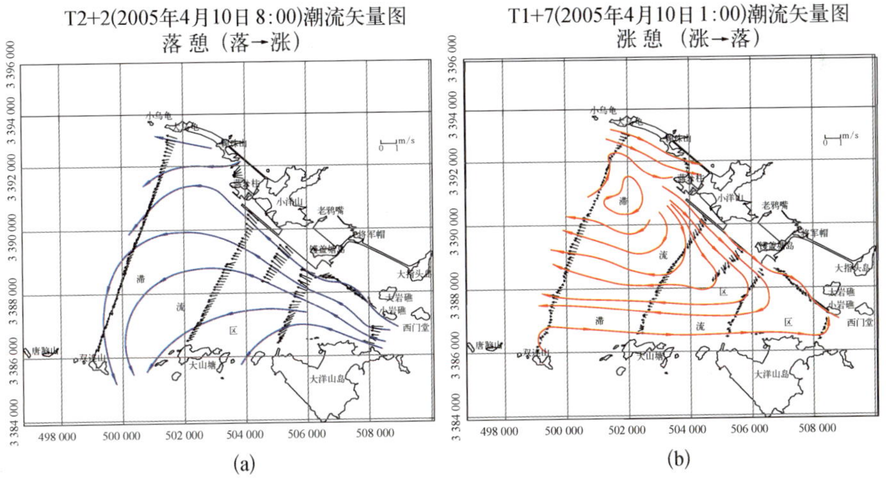

图 4－12　洋山海域 2005 年涨、落憩潮汐弱环流

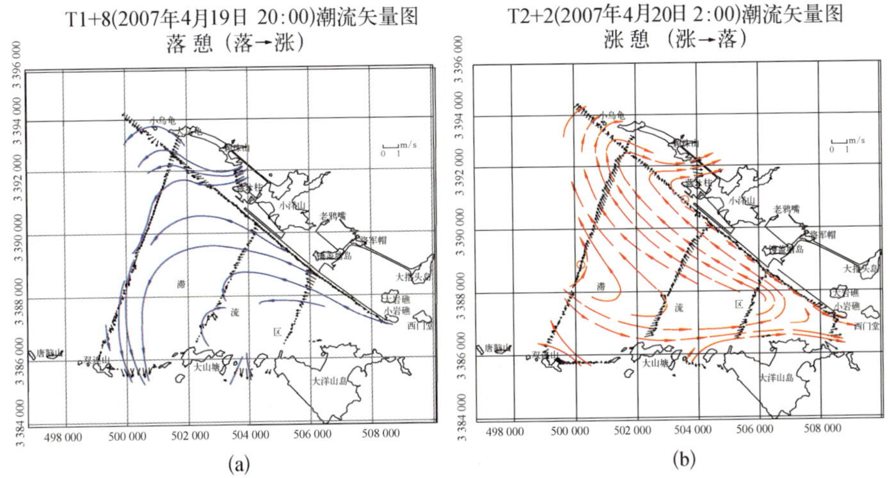

图 4－13　洋山海域 2007 年 4 月涨、落憩潮汐弱环流

中，港区流场涨、落憩时段各呈现一次，每次约 1 h 左右，每周日共约有4 h。这类环流出现的时间虽然不算长，但悬沙伴随着的弱环流运动，特别在环流的中轴附近或相邻逆向流动的弱水流中间，存在着滞流区或无流动区，往往会造成悬沙加速沉降，从而增加港区底床的淤积。

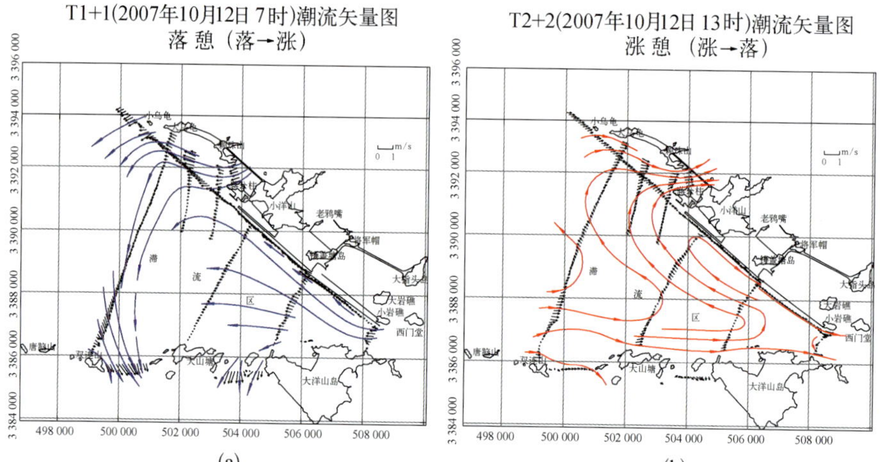

(a) (b)

图 4－14　洋山海域 2007 年 10 月涨、落憩潮汐弱环流

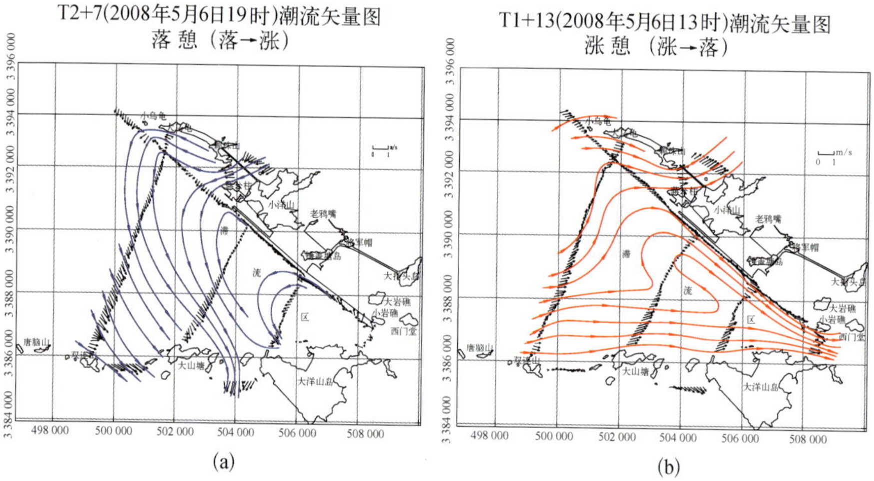

(a) (b)

图 4－15　洋山海域 2008 年 5 月涨、落憩潮汐弱环流

（1）根据 2005 年 4 月，即一、二期东侧北围堤竣工时所测得港区 ADCP 海流监测资料所绘的同潮流矢图。图 4－12(b) 显示，在小洋山潮位高平后 2 h 的涨憩时段，港区水域有一顺时针向的环流，环流纵向中轴偏北岸，与颗

珠山汊道西南存在一滞流区，在环流南部近南岛链存在一滞流带；图 4-12(a)显示，在潮位低平后 1 h 的落憩时段，在港区水域西部出现一逆时针向的环流，其中的南部流速极小。如果我们对照 2005～2006 年的洋山港区冲淤图(图 4-16)，不难发现，环流中的弱流或滞流区，与冲淤图中淤积区是相吻合的。

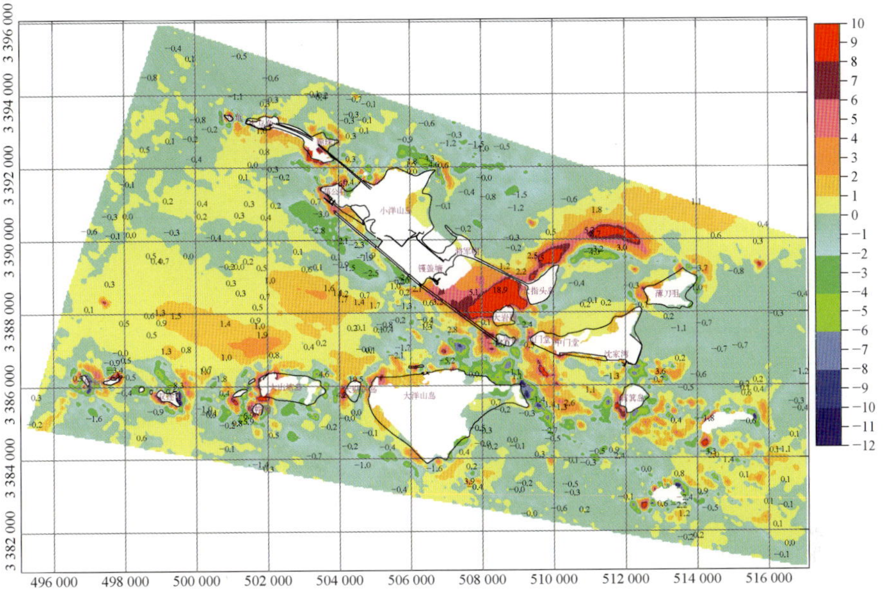

图 4-16　2005 年 4 月至 2006 年 4 月洋山海域冲淤图

(2) 同样根据 2007 年 4 月和 10 月，即三期工程镬盖塘—小岩礁汊道全封堵后的同潮流矢图(图 4-13，图 4-14)表明，同年相隔半年的流场变化不大。在由涨潮流转为落潮流的涨憩时段，港区水域同样呈现出一“S”形环流，港区因为逆时针向流，其纵轴偏南靠近大洋山岛链，同时沿此轴形成一滞流带，在西端存在一零流速区，从图中我们还可以发现，由于三期码头建成，相当于缩窄了通道东口，该时段在东口发生壅水，落潮流泻出港区通道受阻而回转向西流，沿北岸流入颗珠山汊道后向东形成一顺时针环流向东泄出；在由落潮流转为涨潮流的涨憩时段，港区水域呈现另一类型逆时针向环流，其纵轴同样靠近南岛链，至形成一滞流带，并在其轴上产生了零速区。由这四幅同潮流矢图与同期 2007～2008 年洋山港区冲淤图(图4-17)对照，此期间在通道中南部的西、中段呈现淤积，在蒋公柱和工作船码头前沿也有淤涨，这些淤积地区与环流图中的弱流区和“零速区”完全相吻。

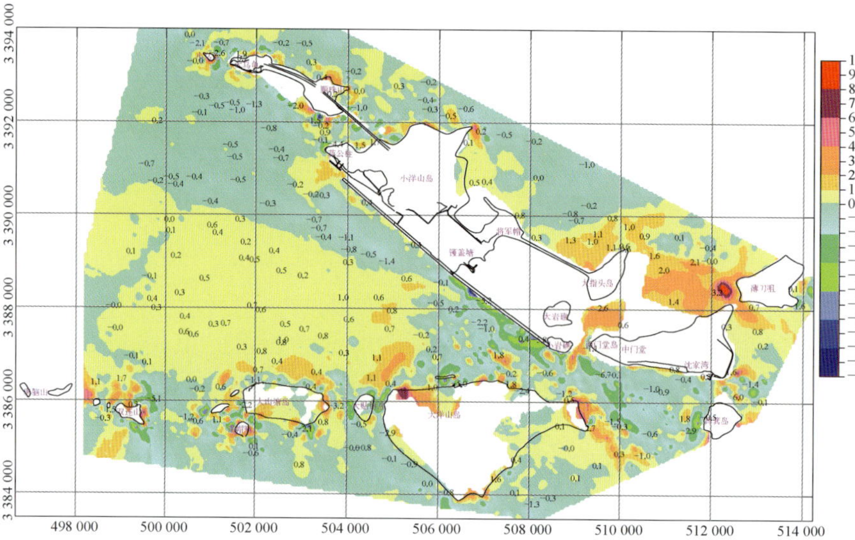

图 4－17　2007 年 4 月至 2008 年 4 月洋山海域冲淤图

(3) 再根据洋山工程后流场调整期间 2008 年 5 月的同潮流矢图(图 4－15)分析，涨憩时段同样在主通道内呈现“S”状环流，但流路与 2007 年相比较有一定的变化，该时段通道两岸转成落潮流，并顺岸从东口门外泄，但中央尚存逆向涨潮流，顶冲西北部的落潮流，会合后经颗珠山汊道外泄，此时在港区中央形成弱流区。落憩时段在通道内呈现逆时针向环流，此时北港区沿岸和北岛链外海已转成涨潮流，而通道的南部尚存落潮流，两段流在颗珠山汊道西口顶冲并汇合，然后主要向南岛链汊口外泄，同时在通道东、中部形成弱流区。对照 2008～2009 年洋山港冲淤图(图 4－18)，港区淤积区和弱流区基本上也吻合的。

从上述四个通道潮流涨、落憩时段的流矢图，对照相对应的海床冲淤图，明确地揭示出转流时段形成的弱流区与海床的淤积区是一致的，表明洋山工程后由于潮波运动的非线性效应，导致潮汐环流的产生，从而形成港区内地形冲淤变化的重要动力因素。

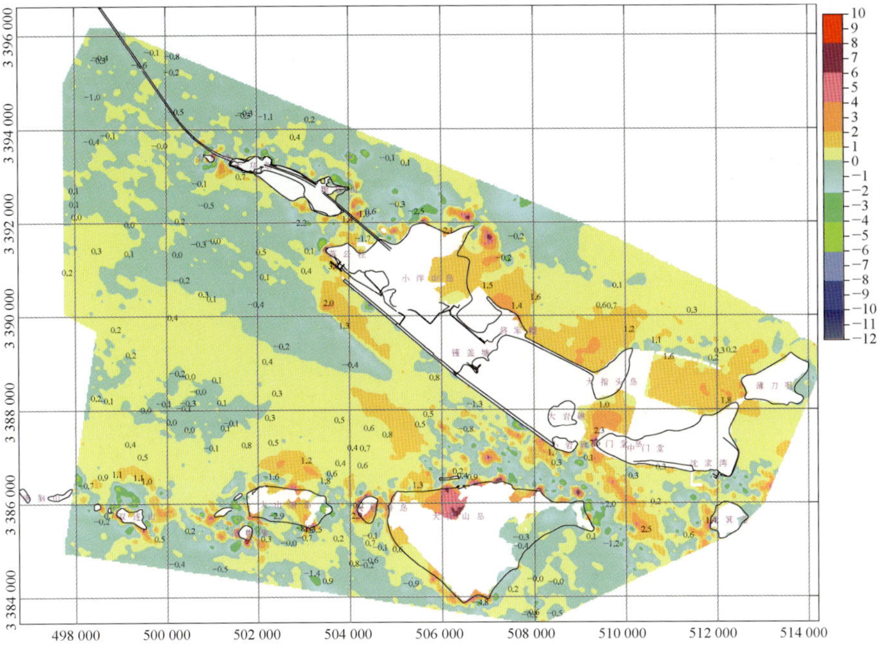

图 4-18　2008 年 4 月至 2009 年 4 月洋山海域冲淤图

4.3.2　港区海域潮流场结构的变化与泥沙运动

港区水体的运动主要受控于潮波运动，特别是半日潮波，表现在水流的运动上，每周日呈现两涨两落，由于近岸和峡道潮波运动受地形侧边界摩擦的影响，潮波发生畸变，往往造成落潮流历时和流速长于和大于涨潮流的历时和流速，洋山港区主通道水域总体上符合这种涨落结构的变化规律。但由于地形的复杂和工程的开展改变了局部地形，使这种潮流涨落结构不断发生变化。以涨、落潮流强度的相对变化，对照通道海床所测 −10 m 等深线的迁移(图 4-19)，显示出它们之间的相关性。

(1) 通道南部水域：2005 年 4 月一、二期工程后，水域落均速从 0.88 m/s剧减至 0.68 m/s，而涨均速从 0.68 m/s 略增至 0.70 m/s，速比由 1.29 降至 1.14，涨潮流相对增强，期间反映在通道南部海床的 −10 m 等深线不断向西城舌状推进，形成一冲刷浅槽，并于 2005 年达最西端；2006 年 10 月三期工程完成，落潮流明显增强，至 2008 年达 0.89 m/s，而涨潮流均速略减至 0.67 m/s，速比增至 1.33(表 4-4)，落潮优势不断增

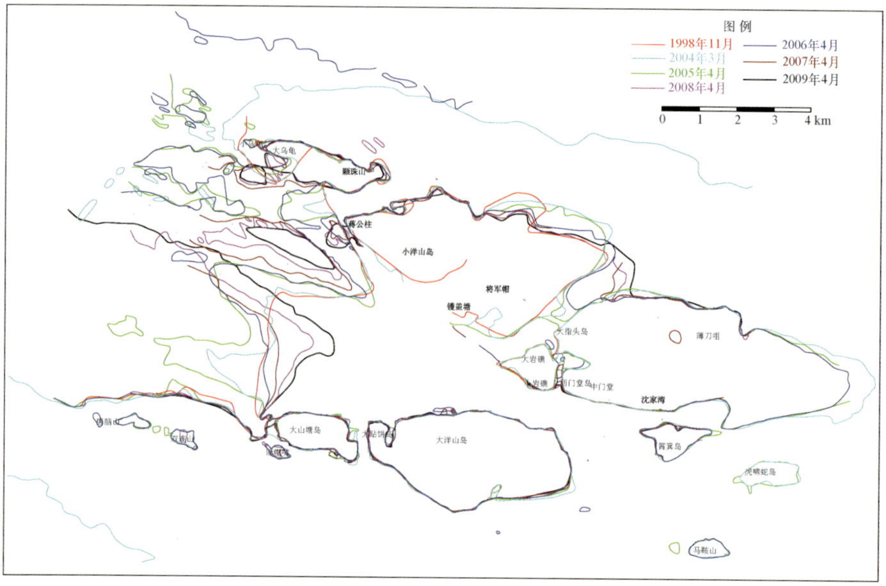

图 4-19　洋山海域西部 10 m 等深线变化图

大，期间反映在标志海床冲淤变化的−10 m 等深线与前期反向，向东推移，通道西南部海床不断向东淤涨。趋势呈涨潮流相对增强，−10 m 等深线向西退，海床为冲刷；落潮流相对增强，−10 m 等深线东进，海床发生淤积。

(2) 通道中央水域：一、二期工程后，水域落均速从 1.05 m/s 减至 0.89 m/s，涨均速从 0.96 m/s 略增至 0.99 m/s，速比从 1.09 减至 0.90(表 4-4)，涨潮流在该水域增至为优势。此期间反映在海床−10 m 等深线也向西舌状西进，与南部的浅槽形成一双涨潮槽。第三期码头工程后，涨、落潮流同时增强，其中落潮流速增大更多，速比为 1.00，涨、落潮流形成均势，此期间−10 m 等深线继续向西切入，将通道西北部浅处约−8 m 的中央沙体分割。趋势为涨潮流速相对增强或仍得强势时，−10 m 等深线也向西退(图 4-19)。

(3) 通道北部水域：一、二期工程后，水域涨、落均速皆减小，分别从 0.82 m/s和 0.90 m/s 减小至 0.78 m/s 和 0.81 m/s，速比从 1.10 减至 1.04，落潮流优势减弱。此期间−10 m 等深线随北部中央沙体东端向东缓慢延伸；第三期码头工程后，流速增加，其中涨潮流速增加较快，速比从1.04 减至 1.02(表 4-4)。此期间−10 m 等深线持续西退，海床冲刷，2006 年蒋公柱西南侧的−8 m浅滩从北部中央沙体分离，分离处形成一水深超过10 m的浅水通道，并与颗珠山西口浅槽相通(图4-19)。

港区海床冲淤变化的趋势，仍和涨、落潮流相对强度变化密切相关，涨潮流相对增强，海床呈现冲刷，−10 m线西退；而落潮流相对增强，海床呈现淤涨，−10 m线东移。这种涨落潮流优势的变化在通道横向上是有差异的，因而也造成港区南北海床冲淤状况也不同。

4.3.3 港区海域峡道效应的影响

地转偏向力对洋山海域潮流运动影响颇大，峡道效应表现明显。据实测资料对比分析，工程前北岛链中的四个汊道都是落潮流运动方向右侧潮位和流速大于左侧，即汊道东南侧落潮流明显大于涨潮流，比值(落速/涨速，下同)为1.4～2.5，而西北侧涨潮流速大于落潮流速，比值为0.50～0.90。例如，工程前2002年7月12日在小洋山和镬盖塘间的汊道中，近小洋山侧的T_3测站涨、落急速分别为1.99 m/s和1.01 m/s，床底发育有涨潮冲刷槽，而近镬盖塘侧的T_4测站涨落急速分别为1.28 m/s和1.80 m/s，床底发育有落潮冲刷槽。主通道水域一、二期工程后，近北岸涨均速为0.78 m/s(该值为一年内多次测验的平均值，本节同)，落均速为0.81 m/s；近南岸分别0.70 m/s和0.80 m/s。洋山港三期工程北岸形成一条长5.7 km的顺直岸线后，近北岸涨均速为0.95 m/s，落均速为0.96 m/s，近南岸分别为0.71 m/s和0.92 m/s，北岸涨潮流速增大了22%，而南岸落潮流速增大了15%。同样反映在洋山海域北南两岸潮位上，涨潮流期间北岸潮位比南岸平均高14 cm，落潮流期间，南岸潮位平均较北岸高3 cm。又据2008年观测资料分析，近北岸水域平均涨潮流速比近南岸大0.46 m/s，而落潮流速南比北快0.14 m/s；涨潮期间，北岸平均水位比南岸高了6 cm，而落潮南比北高2 cm。这种海域南北潮流和水位的差异在宽阔的西口十分明显，而在狭窄的东口几乎不存在。在海洋运动学中，地转效应是一个重要的物理现象，英吉利海峡、芬迪湾等均存在由科氏力造成两岸潮差的现象。杭州湾也类似，据解析方法分析，自湾口至金山一段湾区，北南两段的潮差达1.46～1.26 m。据数值方法试验，在二维运动方程中，计与不计科氏力项，纵向流速分量大小差别约为5%。洋山海域的数字模拟试验表明，科氏力对水流确有影响，但影响结果比实测数据要小，同时发现科氏力的作用不仅取决于海域宽度、地理纬度及流速大小，而且与计算中的非线性项密切相关。因而可以认为，洋山海域横向潮汐现象的差异所显示的峡道效应，科氏力作用具有重要贡献，但其中还叠加了地形因素所造成的潮波运动中的非线性效应。

三期工程后，三汊道完全封堵，北港区连成一顺直岸线后，地球偏转力效应的增强还可以从主通道北岸水域，因涨潮流相对增强后，落速/涨速的比值减小，而南岸水域，因落潮流相对增强后，比值增大来体现。三期工程前(2005.01)北岸 13＊、12＊、14＊和 16 断面比值分别为 1.23、1.21、1.11 和 0.96，工程后(2006.04)分别降至为 1.15、1.03、1.05 和 0.90；而南段除东口门 16 断面从 1.48 减小至 1.33 外，13＊、12＊、14＊断面分别从工程前的 1.19、1.23、1.13 增大为 1.26、1.38 和 1.56(表 4－3－1)。2006 年后岸形保持不变，这些比值基本上无大变。此外，主通道比值图(图 4－20、图 4－21)中也可看出，三期工程后，涨潮流优势轴不断北偏移，这些都蕴含着工程后，地转偏向力对港区流场的作用，从而也影响港区南北海床的冲淤状况。

表 4－11　主通道断面潮流速比值

断面	日期	落潮流速/涨潮流速			
		北段	中央	南段	全段
13＊	2005.01	1.23	1.18	1.19	1.20
	2006.04	1.15	1.10	1.26	1.16
	2007.01	1.11	1.10	1.12	1.10
	2008.10	1.18	1.11	1.38	1.21
12＊	2005.01	1.21	0.98	1.23	1.07
	2006.04	1.03	0.96	1.38	1.09
	2007.01	1.03	0.97	1.23	1.05
	2008.10	1.01	1.06	1.42	1.15
14＊	2005.01	1.11	0.87	1.13	1.00
	2006.04	1.05	0.86	1.56	1.06
	2007.01	0.98	0.87	1.35	1.07
	2008.10	1.02	0.87	1.63	1.09
16	2005.01	0.96	1.14	1.48	1.21
	2006.04	0.90	1.03	1.33	1.06
	2007.01	0.89	0.93	1.16	0.96
	2008.10	0.96	1.07	1.56	1.04

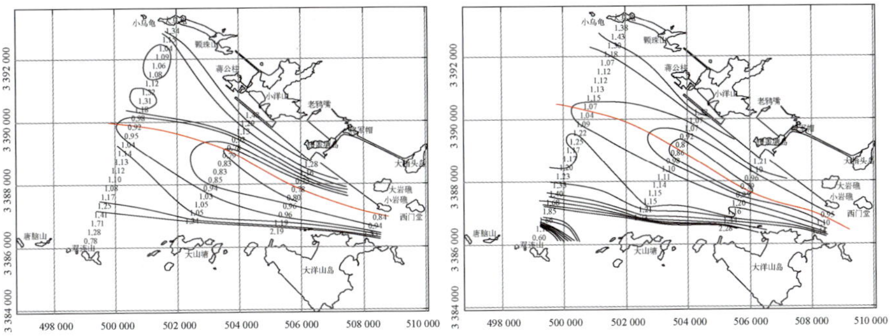

图 4-20　2005 年 7 月、2006 年 10 月落、涨流速比分布图

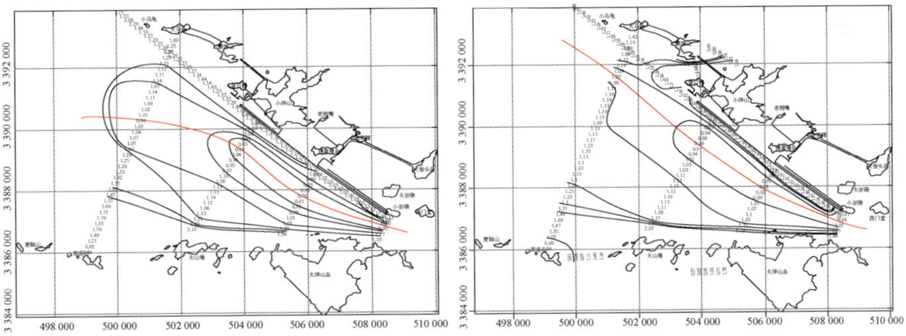

图 4-21　2007 年 10 月、2008 年 5 月落、涨流速比分布图

4.3.4　洋山海域水沙运动与海床冲淤机理分析

（1）洋山海域位于杭州湾北口东部，按大、小洋山岛链排列所合围的海域，在平面上呈大口向着杭州湾的喇叭形，在落潮流期间其张着口不断吸纳从杭州湾直接下泄的水沙，洋山海域的西南部为本海域含沙量最大区域，并向东渐减，这也可佐证落潮流所带入的泥沙是该海域泥沙的重要来源。洋山海域西部平均水深 9～10 m，东部达 20 m 以深，东口甚至有 80 余米的深槽，这种西浅东深的海床，虽在其上没有发现泥沙的推移，但这却也有利于悬浮泥沙的扩散东移，增加了落潮输沙量，潮流结构中落、涨强度比值与淤积一般具有正相关性，因此本海域在落潮流期间形成一相对良好的淤积环境。在工程前海域这种平面喇叭形，南岛链西有两个宽敞汊口，北岛链东则为众多的小岛屿，实际上无法形成喇叭形的效应，因而潮流进出洋山海域十分通畅，即使潮流所携带的悬沙浓度很大，仅起搬运作用，极少落淤，正如杭州湾悬沙浓度很高，大部分海床近代却一直保持稳定。随着洋山工程，北岛

链西从蒋公柱，东至小岩礁连成一片，建成一东南走向 6.7 km 的顺直岸线，而南岛链东部为大洋山北岸东西走向的岸线，海域东部急速缩窄，形成一东口宽仅 900 m 实实在在的喇叭形。据本书上述统计资料分析比较，洋山工程竣工后，东口门(16 断面)的落潮流平均流速增加 15～20 cm/s，落潮历时平均长约 20 min，而外泄落潮流量增加了 4 亿～5 亿 m^3，这部分增加的潮量主要是由原以镬盖塘—小岩礁汊口外泄的落潮量归并于此口。但与此同时，据资料分析也可看出，在一周日的落潮期间，从东口门其西的 14＃断面进入的落潮流量，约有 1.5 亿～2.0 亿 m^3 的潮量未从东口门泄出，这表明工程后水域束窄确实增加了东口的落潮流速和落潮流量，但这种增大是具有极限的，最终在一定程度上阻滞了落潮流量及泥沙的外泄，部分转道或滞留在港区海域，促使海床的淤积。

(2) 在洋山海域水运动中呈现的弱流或滞留，是增强悬沙沉降和海床淤积的水动力的必要条件。洋山工程后改变了水流运动的侧向边界条件，从而产生了一系列潮流运动中的非线性效应，导致在北港区西侧的蒋公柱附近水域弱流的产生以及主通道水域在潮流转流时段内潮汐弱环流的形成，从而在通道西南部产生大范围的弱流区。根据地形资料对比，这些地区海床产生了明显的淤积，而且这些淤积区段和范围随弱流区的变化而转移。在洋山海域这种由水流按每周日潮周期变化所产生的弱流外，还有按月和潮周期的变化：大潮的潮流一般比中、小潮要强，平均含沙量高，但小潮期间垂向变化较大，上层沙量极少而离底 2 m 的底沙量却比大潮要高出 2～3 倍，涨落憩时，底沙量更高，这充分表明弱流是形成海床淤积的重要条件。

(3) 洋山工程后海域尚存的三个汊道对维持港区的冲淤具有积极的意义。三个汊道无论从潮量、沙量还是余流，均由海域内向外海泄出。据 2008 年 10 月观测，三个汊道在大潮一周日间落潮向外海输出 18 亿 m^3 潮量，210 万吨泥沙，净输出分别为 5 亿 m^3 和 126 万吨泥沙，极大地减少了港区海域泥沙的淤积。其中颗珠山—蒋公柱汊道的存在，不仅排泄出由西口直接进入港区海域的落潮水沙，而且还在潮流转流时段，通过潮汐余环流从港区东部吸纳了大量落潮水沙由该汊道向外海排泄。

(4) 2006 年 10 月三期码头工程基本完成后，主通道海域无论涨、落潮流均增强，其中涨潮流速的增幅大于落潮流，颗珠山汊道增幅更大，涨、落潮流分别增幅达 33%和 22%。但调整期间进入第二年(2008 年 10 月)，流速呈减缓趋势，特别主通道东部水域和颗珠山汊道，后者在汊道南端近蒋公柱一带涨潮流速减幅达41%。更值得注意的是落潮流速和涨潮流速的比值，在三期完成后，海域水动力进入调整期的第一年，该比值明显减小，特别在主通道西部，涨潮流相对增大。而进入调整期的第二年，该比值却明显增大，特别在主通道各断面之南段和颗珠山汊道南部，该比值增大达1.40～1.60和3.08，表明落潮流在通道海域南部相对增强特别快，在通道中央和东部落潮流相对也略有增大。据上述分析，即预示通道南部仍将保持淤积，而中部海床有淤积产生的可能性。据泥沙观测2007年与2008年相比，无论含沙量及其分布均有较大变化。洋山海域2007年4月和2008年5月平均含沙量分别为1.46 kg/m^3和1.94 kg/m^3，一年增幅为32%。按海域纵向分布2005年西口门含沙量最大，东口门海域最小，而2008年这恰好相反，西口海域小而东口海域大；通道中央2007年含沙量为1.39 kg/m^3，而2008年达2.48 kg/m^3，含沙量有增大趋势；按海域横向分布2007年含沙量南部大北部小，而2008年变成为北高南低势头。又据2008年ADCP断面悬浮泥沙输沙量港区进出统计，一个大潮落潮期内，约有186万t泥沙在洋山港区滞留，以中段最多，西部次之，东部基本平衡；而在一个大潮涨潮期间，洋山港区约有77.8万t的悬浮泥沙随涨潮流向西输出，其中以东部最多，西部次之，中段略有滞留。因而在一个潮汐涨落周期中，约有100余万t泥沙沉留在港区。由此综合上述涨、落潮流结构的变化以及近期涨、落泥沙输移情况，应该对港区海床的冲淤引起关注，特别据2009～2010年海床冲淤图表明，港区海域中央以及北部海床已出现淤积。

鉴于上述分析，在水动力以往复潮流主导的洋山海域，由于其特殊的地形和地理位置，形成其特有的冲淤规律。落潮流经西口门带入大量的水沙，逐渐汇聚后，经东口门泻出水沙，由于外泄不畅，部分水沙滞留在通道内，涨潮流经东口门带入比西口门小得多的水沙，然后幅散经西口门泻出水沙，由于外泄通畅，除了泻出由涨潮流带入通道的水沙外，同时还带出了部分由落潮流滞留的水沙。基于港区这种水沙运动格局，显然当主通道内落潮流增强，有大量水沙由西进入港区而又不能完全向东泻出，将营造淤积环境，即落/涨流速比值可为海域冲淤指标。这可从洋山三个堵汊工程后，港区落涨流速比值减小以及保留颗珠山汊道从而分流和吸纳港区内落潮流水沙向外泄出，最终营造了工程后港区良好的冲淤环境得到佐证，也可预估今后若将大洋山南岛链中的两个汊道封堵，会对港区冲淤造成负面的影响。

4.4 洋山工程对港区海域海床冲淤的影响

4.4.1 堵汊工程对海床冲淤的影响

随着上海国际航运中心洋山深水港在崎岖列岛北岛链的建设，于 2002 年 10 月至 2005 年 4 月先后完成了三个汊道的封堵，即 2002 年 10 月至 2003 年 6 月完成小洋山—镬盖塘间堵汊工程；2003 年 3 月至 2004 年 6 月完成大乌龟山—颗珠山之间的堵汊工程；2004 年 6 月至 2005 年 4 月完成对小洋山（将军帽）—大指头间北围堤汊道的封堵。三个汊道封堵后，使北岛链仅留颗珠山—小洋山间汊道与外海相通，封堵区南侧形成了一条长达 5.7 km 长的岸线作为深水港岸线（图 4－22）。

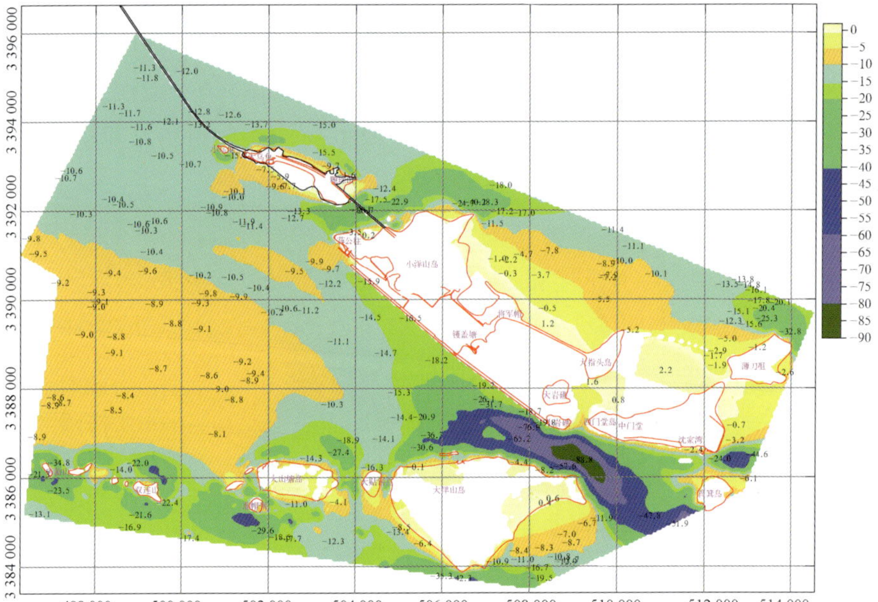

图 4－22　2010 年 4 月洋山港水深图

在汊道封堵前，除南、北岛链间东西两个口门以外，其中北岛链有 4 个汊道，南岛链有两个汊道与外海沟通，当时岛内外海域水沙交换完全处在自然状态中，各汊道涨落潮分潮比处在相对稳定状态，表 4－12 为工程前北岛链各汊道流速、潮量及落涨潮量比值。

表 4-12　北岛链各汊道堵汊工程前分潮量比

汊　道	涨　潮			落　潮			落潮量/涨潮量
	流速 /(m/s)	潮量 /亿 m^3	%	流速 /(m/s)	潮量 /亿 m^3	%	
小乌龟—颗珠山	0.22	0.50	4	0.36	0.85	6	1.70
颗珠山—小洋山	0.34	1.63	13	0.54	2.75	19	1.69
小洋山—镬盖塘	0.45	1.57	12	0.41	1.24	8	0.79
镬盖塘—小岩礁	0.25	1.26	10	0.35	2.36	16	1.81

* 指与西口门大乌龟—双连山断面比较

随着堵汊工程的分期实施，小洋山侧北岛链边界条件不断改变，直接影响岛链内海域潮波运动从而引起水沙场和海床冲淤的变化，最明显的后果是在堵汊后阻断了汊道内外水流，堵汊口流速降低明显，造成泥沙在堵汊口附近淤积，形成局部淤积体，淤积体的大小与堵汊汊道口门处潮动力强度呈正相关性，表 4-13 为堵汊工程前后，前沿流速比较。

表 4-13　堵汊工程前后前沿流速比较　　（单位：m/s）

时间＼地点	小洋山前沿		小洋山—镬盖塘		镬盖塘—小岩礁	
	涨潮	落潮	涨潮	落潮	涨潮	落潮
2002.10	0.72	1.21	0.65	1.22	0.59	1.00
2005.01	0.55	0.81	0.35	0.57	0.40	0.61
减少(%)	0.17(24%)	0.40(33%)	0.30(46%)	0.65(53%)	0.19(32%)	0.39(39%)

2002 年 10 月至 2003 年 6 月小洋山—镬盖塘堵道封堵后，原汊道前沿涨潮流速降低了 0.30 m，降低幅度达 46%，落潮流速降低了 0.65 m，降幅为 53%，使堵汊前原来占西口断面各为 12%和 8%的涨、落潮流量丧失殆尽，潮动力的损失，加大了泥沙淤积，使堵汊口门附近出现明显的舌状淤积体，淤积范围达 581 万 m^2（图 4-23）。

2003 年 3 月至 2004 年 2 月的小乌龟—颗珠山间汊道的封堵，阻隔了汊道内外进出潮量分别占西口断面进出潮量的 4%(涨)和 6%(落)，堵汊后所出现淤积体的面积较小，为 100 万 m^2（图 4-23）。第三次堵汊为 2004 年 4 月至 2005 年 4 月的小洋山(将军帽)—大指头岛之间的东侧北围堤工程，规模最大，堵汊前汊道分潮流量占到整个西口断面涨、落潮流量的 10%(涨)和 16%(落)，堵汊后引起堵汊的前沿涨潮流较堵汊前降幅 0.19 m/s，降低了 32%，落潮流速降低 0.39 m/s，降幅 39%，从而使岛屿内洋山海域出现了

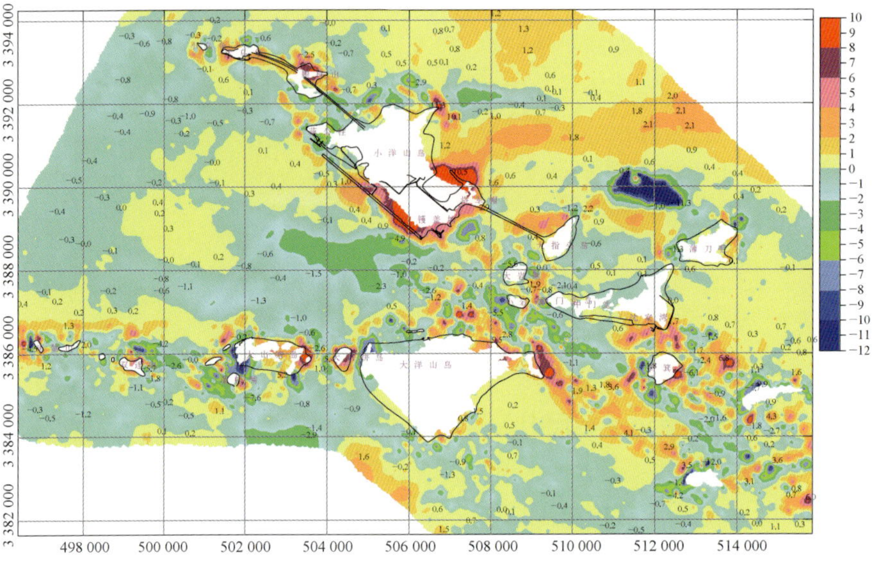

图 4-23　1998 年 11 月至 2004 年 4 月洋山海域冲淤图

更大范围内的淤积区(图 3-11)。根据 2005 年 4 月至 2006 年 4 月海域冲淤图显示(图 3-12),在 41.5 km^2 的统计海域内,除主通道海域仍存在东西向的狭长带状冲刷区外,约占 65.1% 的海域出现大面积淤积区,面积约 27.03 km^2,由东侧北围堤自东北向西南方向延伸分布,可达南岛链的双连山—大山塘边缘。在一年内淤积高程 0.2 m、1 m 和 2 m 以上的面积分别达 22.23 km^2、8.44 km^2 和 1.44 km^2,总淤积体积约 2 230 万 m^3,较上一年,即封堵前淤积面积扩大了 19.8 km^2,淤积体积增加了 1 671.9 万 m^3,淤积量远大于冲刷量,充分显示了东侧北围堤封堵后,对南北岛链内即洋山港海域内外水体和泥沙交换所引起水沙环境的变化而导致海床大规模淤积的影响作用。

4.4.2　堵汊工程后主通道海域海床冲淤的调整

北岛链三个汊道的堵汊工程形成岛链内港区水域新的边界,从而水沙条件产生变化。主要工程完成后,由此带来海床地形进入一个新的调整阶段,总的趋势是,由 2005 年 4 月东侧北围堤后引起大范围海床淤积区,在以后调整过程中的淤积强度有减弱,冲刷范围扩大。此外出现较为明显的年内季节性冲淤变化,通过三个堵汊工程后对港区内水文泥沙测量结果的统计，海域主通道内潮流流速普遍增加，尤其是主通道主体及其南部水域增加明显，最大增幅可达10%，落潮流增幅大于涨潮流(表4-14)。

表4-14 堵汊工程后主通道水域横断面流速比较 （单位：m/s）

时间	涨潮平均				落潮平均				落涨比
	北	中	南	全断面	北	中	南	全断面	
2005.01	0.82	0.98	0.68		0.92	1.02	0.88		
2005.04	0.78	0.98	0.69	0.86	0.81	0.89	0.80	0.84	0.97
2006.10	0.81	0.97	0.60	0.83	0.89	0.91	0.83	0.90	1.04
2007.10	0.93	1.07	0.69	0.93	0.98	1.07	0.96	1.01	1.08
2008.10	0.94	1.05	0.68		0.97	1.06	0.92		

堵汊工程后岛内海域主通道东、西口门和各汊道分潮量变化见表4-15。

表4-15 堵汊后主通道东、西口门及各汊道分潮量变化 （单位：亿m^3）

时间	潮型	主通道				北岛链汊道				南岛链汊道			
		西口门 大乌龟—双连山		东口门 小岩礁—大洋山		颗珠山—小洋山		小洋山—小岩礁		双连山—大山塘		大山塘—大洋山	
		潮量	%	潮量	%	潮量	%	潮量	%	潮量	%	潮量	%
2005.04	落	37.69	100	21.35	57	5.05	13	5.91	16				
	涨	35.03	100	22.81	65	4.69	13	3.92	11				
2006.10	落	41.08	100	25.21	61	5.73	14			8.12	20	3.76	9
	涨	35.09	100	22.94	65	3.36	10			7.50	21	2.63	7
2007.01	落	41.14	100	25.15	61	5.20	13			10.17	25	4.46	11
	涨	36.05	100	25.45	71	3.84	11			6.29	17	1.16	3
2007.10	落	49.86	100	25.41	51	6.81	14			7.58	15	3.92	8
	涨	37.22	100	24.99	67	4.00	11			6.27	17	2.12	6

岛链内洋山海域动力场调整变化后，引起了地形相应的调整变化。根据堵汊工程后2006年4月至2007年4月和2007年4月至2008年4月两年与堵汊工程期间的海床冲、淤量进行比较，可以显示出堵汊工程后海床冲淤的调整变化(表4-16)。

上述反映了北岛链三个汊道封堵，尤其是最大的一个小洋山—大指头岛汊道间的东侧北围堤建成后，在新的边界条件下各汊道分潮量的变化，改变了海域动力场的分布，引起海域内海床冲淤出现了一个新的调整过程，如表4-16、图4-24所示，2004.4～2005.4为东侧北围堤封堵前的海床冲淤

表 4-16 港区海床历年冲淤

年代	冲刷			淤积			冲淤比		平均淤积厚度/m	日均冲淤幅度/cm
	面积/km²	海床面积/%	体积/万 m³	面积/km²	体积/万 m³	体积/万 m³	面积/km²	体积/万 m³		
2004.4～2005.4	33.65	81.0	2 258.0	7.19	602.1	602.1	4.68	3.75	−0.40	−3.3
2005.4～2006.4	13.76	33.0	1 362.4	27.03	2 274.0	2 274.0	0.51	0.60	0.22	1.8
2006.4～2007.4	21.82	52.2	1 937.1	18.66	1 081.8	1 081.8	1.17	1.79	−0.21	−1.7
2007.4～2008.4	17.26	41.5	1 256.4	23.47	1 142.7	1 142.7	0.74	1.10	−0.03	−0.2
2008.4～2009.4	13.90	33.5	525.6	27.13	653	1 417.4	0.51	0.37	0.21	1.8
2009.4～2010.4	12.47	30.0	272.6	28.25	68.0	1 025.9	0.44	0.27	0.18	1.5

状况，除一、二次封堵汊道口附近出现局部淤积区外，大部分地区为冲刷区，海床冲淤以冲刷区大于淤积区。其中冲刷区面积为 33.65 km²，占统计海床面积 81%，冲刷体积达 2 258 万 m³，淤积面积很小，仅占统计海床面积的 17.3%（表 4-16）。而东侧北围堤封堵后，封堵汊道流量占海域进出潮量的 10%（涨）、16%（落），引起岛内动力场发生较明显的调整，出现大范围动力减弱区，造成大面积的淤积，从 2005 年 4 月至 2006 年 4 月冲淤图反映，淤积区自东侧北围堤向西南方向延伸到整个西南部大片海域，淤积面积达 27.03 km²，占统计海域的 65.1%，比上年封堵前增加了 47.8 个百分点，增加了淤积体积 2 274 万 m³；经过一年的调整，至 2006 年 4 月至 2007 年 4 月一年间淤积面积缩小为 21.82 km²，比上年缩小了 20 个百分点，冲刷区面积扩大 19%，为 21.8 km²，冲刷体积 1 937 万 m³，冲淤平衡中以冲刷为主，平均冲刷深度 11.7 cm。2007 年 4 月至 2008 年 4 月进入堵汊后第三个年头，海域海床冲淤继续处在调整过程中，冲刷区稍有减小，淤积区稍有扩大，各为 10 个百分点左右。但从冲淤体积即冲淤量的平衡看，仍以冲刷大于淤积。从 2008 年后，冲刷量剧减，港区海床冲淤趋于平衡。据年际变化说明在三个汊道封堵后，岛内海域水、沙条件和冲淤经历着一个短暂时间的振荡变化，经过数年的水、沙环境变化，在新的边界条件下逐渐达到新的冲淤平衡。

海床冲淤除年际变化外还存在明显季节性变化：崎岖列岛海域处在东南季风区域，风、浪存在着明显的季节性交替变化，由此引起海域水体含沙量的季节性变化和海床冲淤季节性变化。前已所述，在岛内洋山港区海域，每年10月至翌年4月间的冬、春季节，处在冬季寒潮大风和春季温带气旋的频繁活动季节，也为海区内波高增高季节，波浪对海床尤其浅滩区掀沙作用较强，形成了洋山海域年内含沙量较高季节，泥沙在潮流作用下频繁运动，难以沉降，使海床地形处在缓慢冲刷状态之中。而在5～10月期间的夏、秋季节内，虽然偶有台风的侵袭，可出现全年最高的风浪；但整个季节里，风、浪均较静稳，在整个秋冬季节的逐月平均波高普遍高于春夏季节30～50个百分点，由于风浪作用较弱，由此为主因引起洋山海域海床地形的冲淤季节性变化，在堵汊工程后仍明显的存在。2006年4～10月为夏秋季，海床呈现大面积淤积；2006年10月至2007年4月为冬春风浪频繁季节，海床出现普遍冲刷；同样2007年4～10月海床的淤积为主，而2007年1月～4月的冬季，海床大面积冲刷。这种海床季节性冲淤现象，虽与工程关系不大，但仍然符合岛链内外海域自然环境的变化规律。

4.4.3 颗珠山汊道泥沙交换对海床冲淤的影响

颗珠山汊道是崎岖列岛北岛链至今唯一未封堵的汊道，它的存在对于内洋山海域尤其是北岛链沿岸海域的潮动力场和水沙交换有着重要影响，并直接对北部沿岸已建成的洋山港一、二、三期港区前沿冲淤产生明显的作用，分列如下。

1. 颗珠山汊道潮动力特征

根据2005年4月东侧北围堤封堵后，北岛链仅留颗珠山汊道，此后颗珠山汊道涨落潮历时变化如表(表4-17)。涨、落潮平均流速见表4-18。颗珠山汊道涨、落潮进出潮流量变化如下表4-19。

表4-17 颗珠山汊道断面涨、落潮历时

时　间	涨潮/(h:min)	落潮/(h:min)
2005.04	6:10	6:12
2006.04	5:29	6:53
2006.10	5:24	6:36
2007.04	5:28	6:55
2007.10	5:28	6:48
2008.05	5:28	6:47
2008.10	5:28	6:59

表 4-18　颗珠山汊道断面平均流速

时　　间	涨潮/(m/s)	落潮/(m/s)	落/涨
2005.04	0.61	0.88	1.11
2006.04	0.52	0.73	1.40
2006.10	0.49	0.72	1.47
2007.04	0.44	0.70	1.59
2007.10	0.61	0.88	1.44
2008.05	0.51	0.71	1.39
2008.10	0.53	0.77	1.45

表 4-19　颗珠山汊道涨、落潮进出潮量变化

时　间	涨潮潮量/亿 m^3	占西口潮量/%	落潮潮量/亿 m^3	占西口潮量/%
2005.04	4.70	13	5.06	13
2006.04	3.59	10	6.10	14
2006.10	3.36	10	5.73	14
2007.04	3.12	9	5.53	14
2007.10	4.00	11	6.81	14
2008.05	3.71	11	6.04	15
2008.10	4.13	11	6.77	15

表 4-6、表 4-7、表 4-8 表明了颗珠山汊道落潮历时大于涨潮历时，落潮流速大于涨潮流速，尤其在北岛链小洋山—大指头间汊道之间开展了东侧北围堤封堵后，落潮流速普遍增大了 0.20 m，落、涨比加大，落潮流量普遍加大了 20%，占西口进入岛内海域落潮流量的 15%；相应涨潮流量有所减少，占到西口潮流流量的 11%，较 2005 年 4 月的 13%减少了 2 个百分点。反映了颗珠山汊道北岛链在三个汊道相继封堵后，颗珠山汊道落潮动力的增强，进一步成为岛内洋山海域落潮流量主要输出通道之一。

2. 西港区颗珠山汊道口门附近潮流场分布

2008 年 10 月在颗珠山汊道口门附近小乌龟山—蒋公柱一侧布置 ADCP 断面 6 条观测断面进行同观测结果分列于表(表 4-20 至表 4-25)，断面位置见图 4-24。

表 4-20　ADCP-33 断面(小乌龟山侧)平均、最大流速统计

距岸距离/m	涨潮段		落潮段		落涨比	
	平均/(m/s)	最大/(m/s)	平均/(m/s)	最大/(m/s)	平均	最大
0～100	0.55	0.99	0.92	1.47	1.66	1.48
100～500	0.59	1.11	0.91	1.56	1.59	1.33

（续表）

距岸距离/m	涨潮段		落潮段		落涨比	
	平均/(m/s)	最大/(m/s)	平均/(m/s)	最大/(m/s)	平均	最大
500～1 000	0.72	1.48	0.94	1.63	1.33	1.10
1 000～1 500	0.85	1.85	0.96	1.69	1.12	0.94
1 500～2 000	0.94	1.74	0.98	1.69	1.04	0.97

表 4－21　ADCP－34 断面(大乌龟山)平均、最大流速统计

距岸距离/m	涨潮段		落潮段		落涨比	
	平均/(m/s)	最大/(m/s)	平均/(m/s)	最大/(m/s)	平均	最大
0～100	0.47	0.79	0.57	1.09	1.21	1.38
100～500	0.61	1.22	0.84	1.45	1.37	1.19
500～1 000	0.75	1.49	0.91	1.59	1.21	1.07
1 000～1 500	0.88	1.68	0.92	1.57	1.05	0.91
1 500～2 000	0.98	1.81	0.95	1.63	0.97	0.90

表 4－22　ADCP－35 断面(颗珠山西)平均、最大流速统计

距岸距离/m	涨潮段		落潮段		落涨比	
	平均/(m/s)	最大/(m/s)	平均/(m/s)	最大/(m/s)	平均	最大
0～200		1.17		1.75		1.49
200～500	0.74	1.42	1.09	1.88	1.48	1.32
500～1 000	0.82	1.51	1.09	1.81	1.33	1.20
1 000～1 500	0.83	1.73	0.99	1.64	1.20	0.95
1 500～2 000	0.99	1.79	1.01	1.76	1.03	0.98

表 4－23　ADCP－37 断面(蒋公柱)平均、最大流速统计

距岸距离/m	涨潮段		落潮段		落涨比	
	平均/(m/s)	最大/(m/s)	平均/(m/s)	最大/(m/s)	平均	最大
0～100	0.22	0.63	0.37	0.71	1.68	1.13
100～500	0.56	1.48	0.68	1.33	1.22	0.91
500～1 000	0.88	1.83	0.89	1.65	1.01	0.90
1 000～1 500	1.01	1.88	1.00	1.72	0.99	0.91

表 4－24　ADCP－9 断面(颗珠山汊道口门)平均、最大流速统计

颗珠山—蒋公柱距离/m	涨潮段		落潮段		落涨比	
	平均/(m/s)	最大(流向)/(m/s)	平均/(m/s)	最大(流向)/(m/s)	平均	最大
50	0.70	1.55(232)	0.45	0.70(57)	0.64	0.45
100	0.78	1.52(239)	0.58	0.95(67)	0.74	0.62
200	0.63	1.32(235)	0.87	1.43(74)	1.38	1.08

（续表）

颗珠山—蒋公柱距离/m	涨潮段		落潮段		落涨比	
	平均/(m/s)	最大(流向)/(m/s)	平均/(m/s)	最大(流向)/(m/s)	平均	最大
300	0.62	1.16(243)	0.94	1.74(77)	1.51	1.50
400	0.52	0.90(245)	0.98	1.77(78)	1.88	1.96
500	0.48	0.88(244)	0.88	1.54(79)	1.83	1.75
600	0.28	0.56(246)	0.79	1.33(71)	2.82	2.37

表 4-25　ADCP-36 断面(颗珠山汊道口外)平均、最大流速统计

颗珠山—蒋公柱距离/m	涨潮段		落潮段		落涨比	
	平均/(m/s)	最大(流向)/(m/s)	平均/(m/s)	最大(流向)/(m/s)	平均	最大
300	0.41	0.78(297)	0.34	0.64(103)	0.82	0.82
400	0.51	1.14(295)	0.64	1.07(112)	1.25	0.93
500	0.62	1.17(289)	0.91	1.40(104)	1.46	1.19
600	0.65	1.19(281)	0.99	1.67(106)	1.52	1.40
700	0.79	1.41(286)	0.98	1.64(107)	1.24	1.16
800	0.78	1.32(275)	1.00	1.67(98)	1.28	1.26
900	0.66	1.13(270)	0.98	1.66(94)	1.48	1.46
1 000	0.58	1.03(269)	0.92	1.55(84)	1.58	1.50
1 100	0.53	0.97(262)	0.81	1.43(97)	1.52	1.47
1 200	0.36	0.62(257)	0.69	1.17(75)	1.91	1.88

上列各表，表明西港区前沿流速分布有如下特征：

(1) 颗珠山汊道前沿 ADCP-33、ADCP-34、ADCP-35 及蒋公柱前 ADCP-37 断面测速资料均表明了无论涨、落潮，流向均以顺岸方向的往复流为主；涨、落潮转流在颗珠山汊道均先于主通道海域，流速由岸向海方向递增，距岸 500 m 以内近岸海域涨潮平均流速 0.6～0.7 m/s，最大 1.0～1.3 m/s，落潮平均流速 0.8～1.0 m/s，最大为 1.3～1.8 m/s，落潮流普遍大于涨潮流。在距岸 500 m 以外的海域，距岸 1 500～2 000 m，涨潮平均流速 0.9～1.0 m/s，最大为 1.81 m/s 左右，落潮平均流速达 1.0 m/s，最大流速为 1.5～1.7 m/s，涨潮流速的增加大于落潮流速，表明距岸越远，受主通道影响越强。图 4-25 清晰地显示了 1.0 m/s 等值线所代表的西港区海域大流速的范围，其涨、落潮平均流速<1.00 m/s 的区域均分布在距岸 500 m

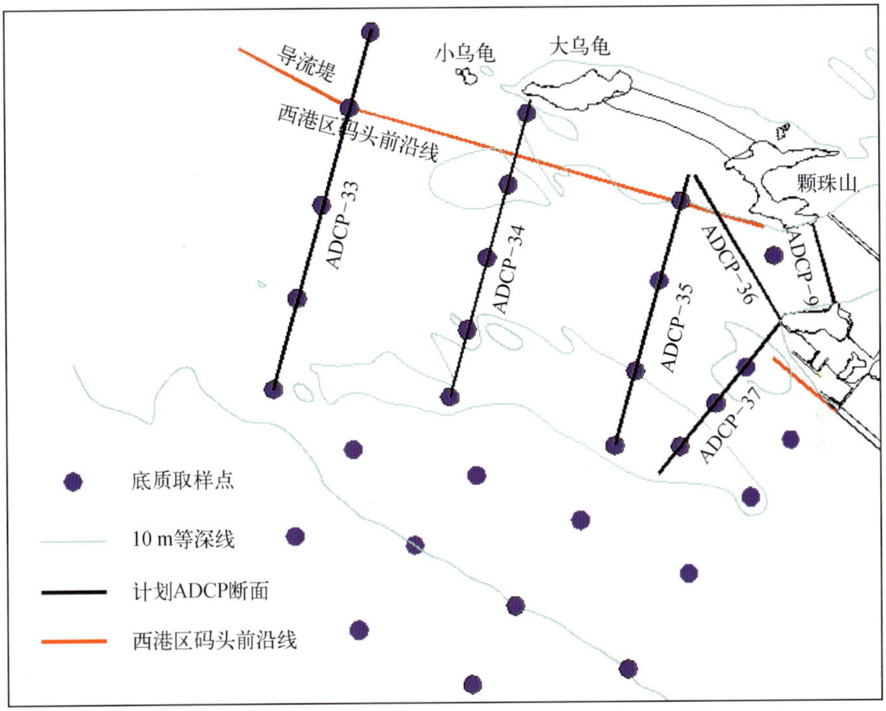

图 4-24 西港区 ADCP 断面布置

范围以内的近岸、颗珠山汊口及蒋公柱前沿。在颗珠山以西宽达 600 m 以上海域的落潮流速逐步增强，向东被“吸纳”进入颗珠山汊道，流速>1.0 m/s 的区域，构成了呈带状分布的落潮流增强带；另一流速>1.0 m/s 的区域，则分布在距岸 1 800 m 以南的近主通道海域(图 4-25)。

(2) 从各断面落、涨速比看，距岸 500 m 以内的近岸海域，平均流速的落涨比为 1.3～1.7，落潮流占明显优势，反映了颗珠山汊道对入通道落潮流的“吸纳”作用十分明显。500 m 以外海域随着离岸距离的增加，流速的落涨比逐渐减小，距岸 500～1 000 m 海域落涨比为 1.2～1.3，1 000～2 000 m海域落涨比更递减为 1.2 以下，甚至小于 1.0，表明距岸较远，受主通道海域涨潮流影响加大，涨潮流增幅大于落潮流增幅(图 4-26)。

(3) “分流”、“汇流”与“回流”的形成在蒋公柱西侧海区，受局部岸线凸出影响，在涨潮时为颗珠山汊道和主通道海域的“汇流区”、落潮则形成“分流区”(图 4-27)，期间在涨、落憩转流时，有局部回流产生，由此成为局部弱流区(图 4-28)，涨落潮流速均为 0.50 m/s 左右。

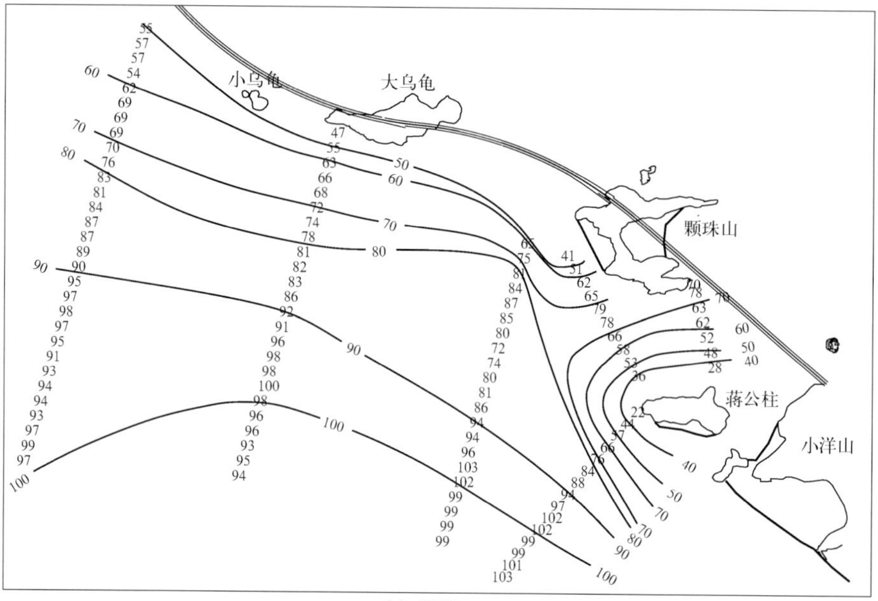

(a) 涨潮

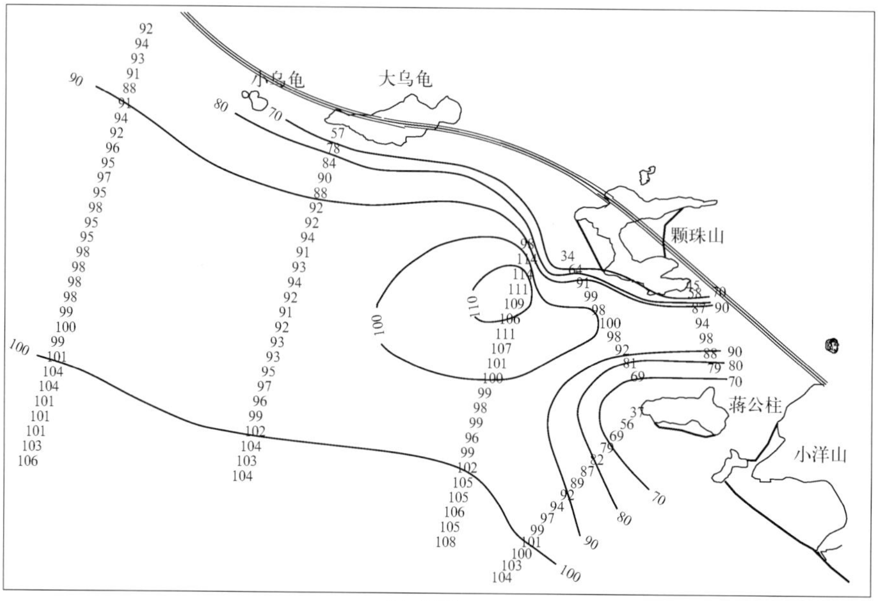

(b) 涨潮

图 4－25　西港区平均流速等值线图(2008－10－18)

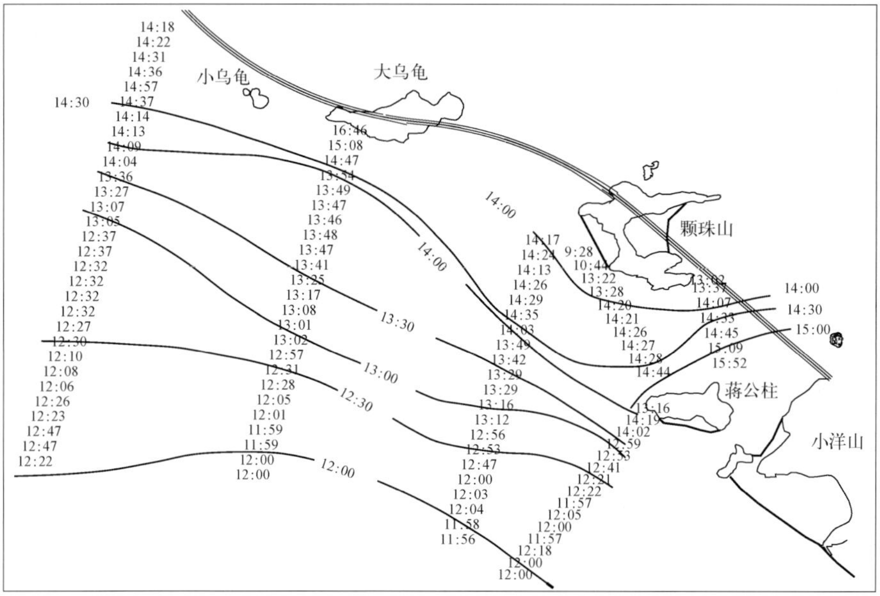

(a) 平均落潮历时

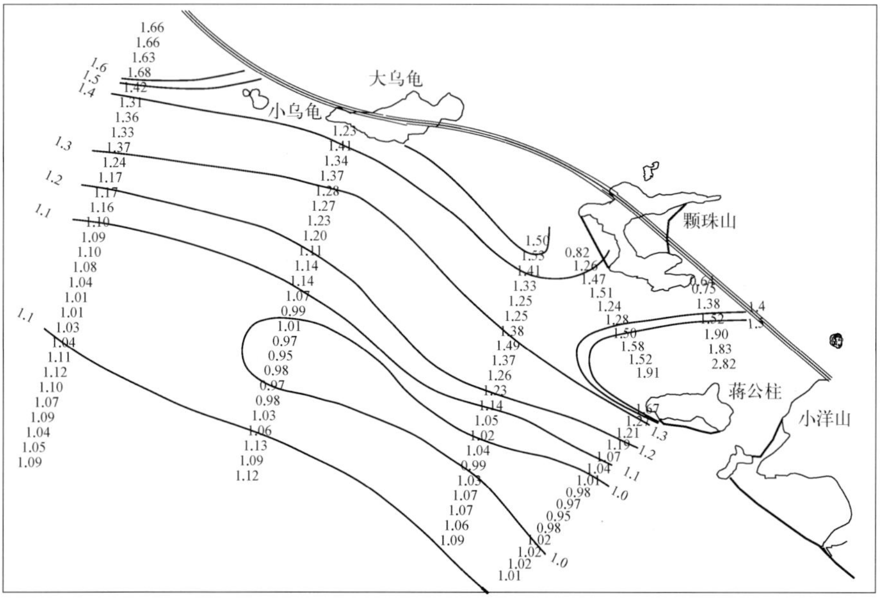

(b) 平均落涨流速比值

图 4－26　西港区潮段等值线图

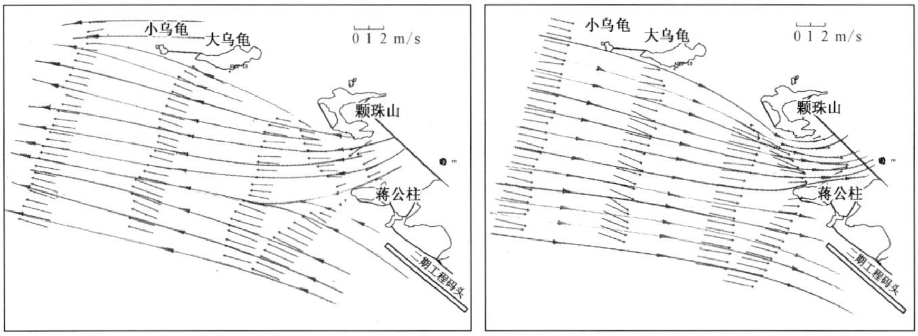

2008-10-17 10:00表层潮流矢量图　　2008-10-18 6:00表层潮流矢量图

图 4-27　西海区海域涨潮汇流区与落潮分流区示意图

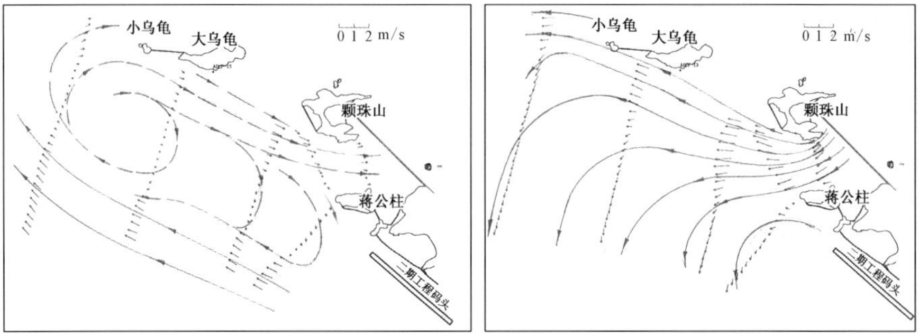

2008-10-18 1:30表层潮流矢量图　　2008-10-18 8:30表层潮流矢量图

图 4-28　西海区海域局部弱流区示意图

上述平面流场分布的特点，充分反映了颗珠山汊口周边海域，受到中央主通道和颗珠山汊道对西口落潮流的"吸纳"和"牵引"作用，尤其是口门西侧条带状"动力增强带"的出现，加大了潮流动力对泥沙运动和地形冲淤的强度，这对北岛链沿岸海域即现今洋山北港区海域的水深变化起到了不可忽视的作用。

3. 西港区颗珠山汊道口门内外的泥沙交换

颗珠山汊道内外泥沙交换，主要受制于颗珠山汊道内外潮动力强度变化。前已所述，汊道内以落潮动力较强，潮流量落潮流大于涨潮流，通过颗珠山汊道向外海以净泄沙为主。

根据 2008 年 10 月较完整的 ADCP 测流测沙成果，对颗珠山汊道全潮断面含沙量统计结果如表 4-26。根据进出汊道的含沙量和潮量分配，推算出颗珠山汊道进出输沙量，结果如表 4-27。表 4-28 为 2005 年 1 月、2007

年 4 月实测颗珠山汊道涨落潮进出沙量统计表。

表 4-26　颗珠山汊道(ADCP-9)潮段平均含沙量

潮　型	涨潮段/(kg/m^3)	落潮段/(kg/m^3)	落/涨
大　潮	0.601	0.696	1.16
中　潮	0.945	1.213	1.28
小　潮	0.789	0.612	0.78
全　潮	0.778	0.840	1.07

表 4-27　2008 年 5、10 月颗珠山汊道涨、落潮进出沙量统计(全潮)

潮型	2008 年 5 月				2008 年 10 月			
	涨潮/万 t	落潮/万 t	净输沙/万 t	落/涨	涨潮/万 t	落潮/万 t	净输沙/万 t	落/涨
大潮	−66.9	117.0	50.1	1.75	−24.1	47.1	23.0	1.95
中潮	−75.0	99.8	24.7	1.33	−36.5	87.0	50.5	2.38
小潮	−31.5	52.0	20.6	1.65	−21.0	42.3	21.3	2.01
平均	−57.8	89.6	31.7	1.58	−27.2	58.8	31.6	2.11

注:“−”涨潮进沙,“+”落潮出沙

表 4-28　2005 年 1 月、2007 年 4 月实测颗珠山汊道涨落潮进出沙量统计

潮型	2005 年 1 月				2007 年 4 月			
	涨潮/万 t	落潮/万 t	净输沙/万 t	落涨比	涨潮/万 t	落潮/万 t	净输沙/万 t	落/涨
大潮	−73.6	93.8	20.2	1.27	−84.9	167.0	81.8	1.97
中潮	−56.1	71.1	15.0	1.27	−41.2	48.1	7.0	1.17
小潮	−66.9	117.0	50.1	1.75	−28.2	31.0	2.8	1.10
平均	−65.5	94.0	28.4	1.43	−51.4	82.0	30.5	1.41

从表 4-26、表 4-27、表 4-28 可见,颗珠山汊道的含沙量并非在大潮期间最大,但在涨、落潮进出输沙量上,虽然在绝对数据上并不相同,但落潮通过颗珠山汊道向外海输沙量的绝对优势是普遍存在的。按 2008 年 10 月的实测资料显示,在两个全潮资料的统计计算中,落潮时段通过颗珠山汊道向外海输沙量无论大、中、小潮均要远大于涨潮时段由外海进入的输沙量。同时,按大、中、小潮落、涨输比平均值比较,该比值自 2008 年 5 月后有所增大,10 月落潮输沙量比涨潮输沙量大一倍以上。依据上述计算结果估算得,通过颗珠山汊道全年落潮净输沙量大致上可达 1 亿 m^3 左右。

以上结果充分表明了颗珠山汊道不仅是出水的主要通道,同时还是出沙的主要通道，对北岛链沿岸已建港区而言，颗珠山汊道不仅吸纳了大量落潮流量，加大了汊道口门区潮动力强度，同时西口门海域水体中大量悬浮泥沙随之也排向外海，减少了北岛链西区及北区海床地形冲淤的泥沙供应，加大了北岛链前沿海床冲刷强度。因此，在目前已经形成的港区边界条件下，颗珠山汊道的存在，对沿岸已有港区水深地形的维持起着关键的保障作用。

4. 颗珠山汊道口门附近海床地形冲淤

地形监测表明，颗珠山汊道口门外水域的地形冲淤和水深变化在三个堵汊工程之后，受颗珠山汊道对落潮主流的牵引，主流北靠，前沿水深除局部小于 10 m 外，大部分沿颗珠山汊道两侧出现 10 m 以上水深（图 4－29）。

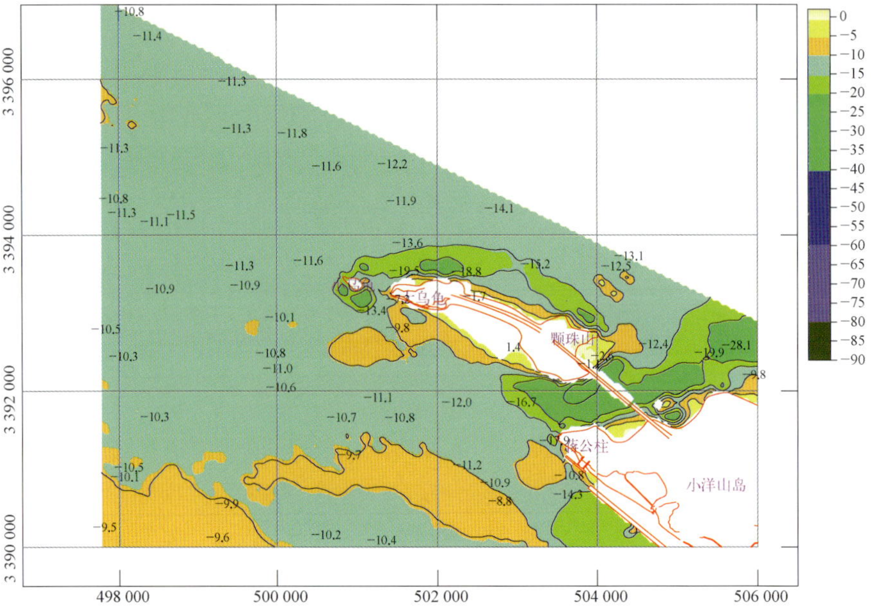

图 4－29　2008 年 4 月西港区水深形势图

2005 年 4 月三个汊道封堵后，由于颗珠山汊道存在，附近海域潮动力得到不断增强，造成 2005 年以来，海床基本处在连续冲刷状态（图 4－30），颗珠山口门附近三个汊道封堵后历年冲淤状况。

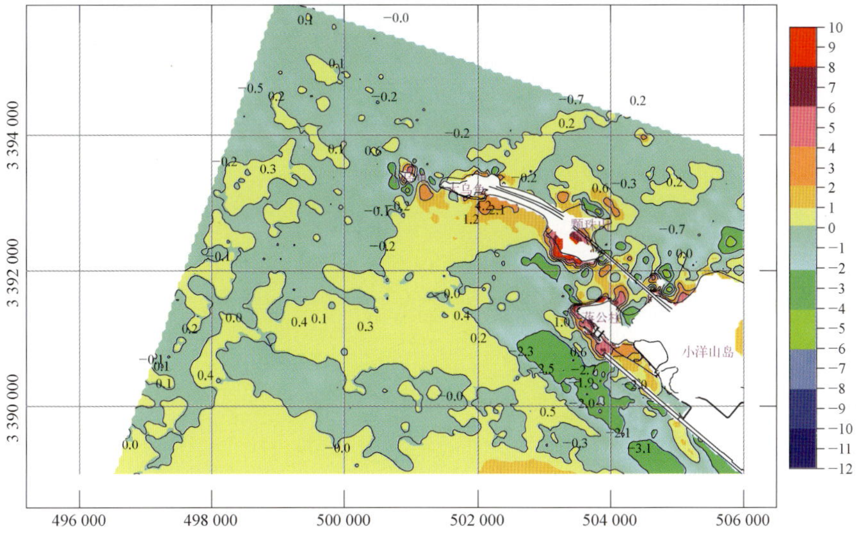

(a) 2005.04~2006.04洋山港区西港区冲淤图

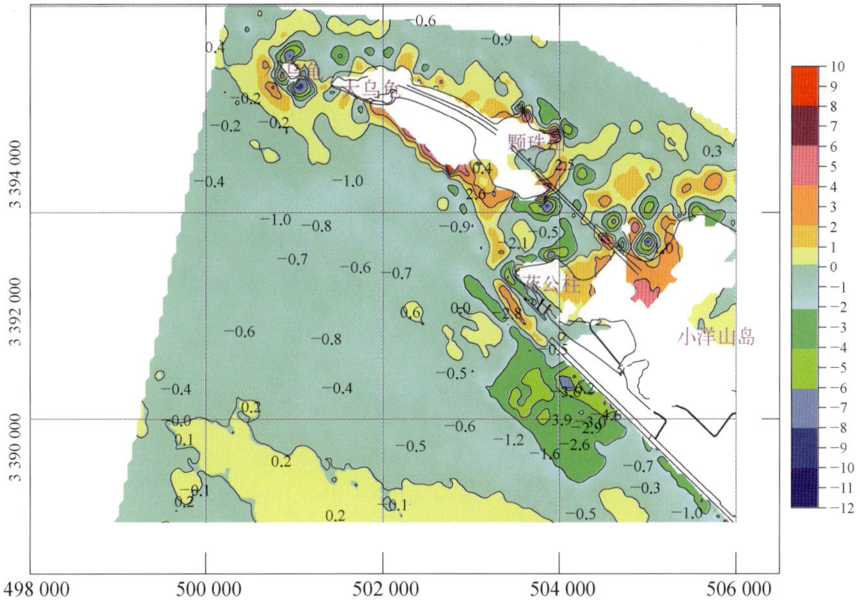

(b) 2006.04~2007.04洋山港区西港区冲淤图

图 4-30 三汊道封堵后颗珠山汊道历年海床冲淤图

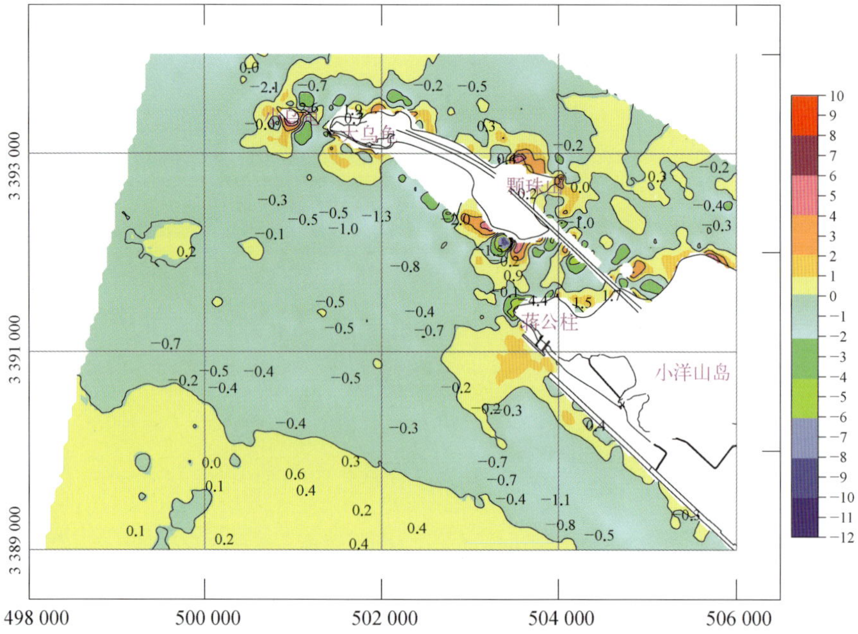

(c) 2007.04~2008.04洋山港区西港区冲淤图

图 4-30　三汊道封堵后颗珠山汊道历年海床冲淤图(续)

从颗珠山口门两侧，进行地形断面对比，断面位置如图 4-31。

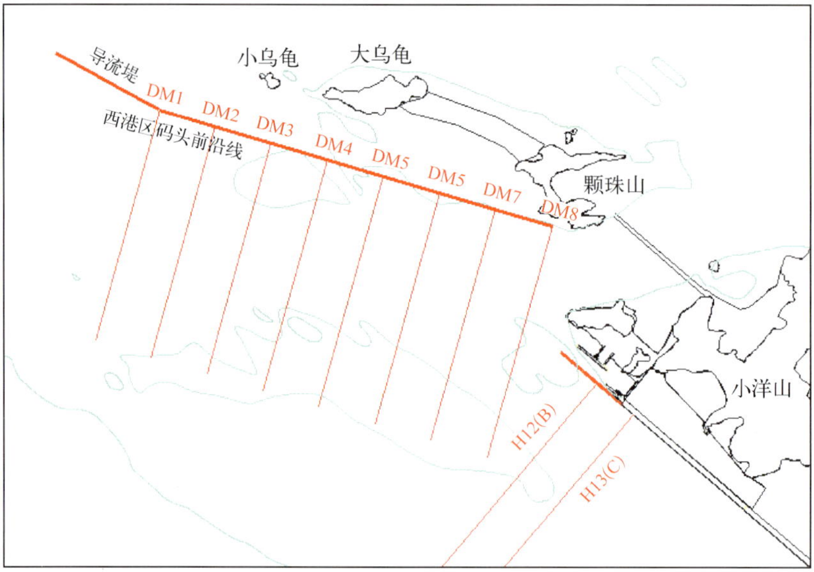

图 4-31　颗珠山口门断面布置图

表 4-29　2004～2008 年 −10 m 以深面积、体积统计

年　月	面积/万 m^2	体积/万 m^3	年　月	面积/万 m^2	体积/万 m^3
2004.04	102.1	946.3	2007.04	396.4	1 297.4
2005.04	204.1	1 053.4	2008.04	446.7	1 458.9
2006.04	223.4	1 070.9	2008.09	462.9	1 588.5

2007 年至今颗珠山汊道出口不断冲刷，−10 m 等深线已向西发展，直接与西口门主通道水深相通。颗珠山汊道的发展，为洋山深水港新增约 4 km(10 m)以上水深的宝贵岸线，为深水泊位的建设创造了重要条件。

5. 蒋公柱前沿海床地形冲淤

蒋公柱位于颗珠山汊道东侧，其前沿海域是主通道与汊道两股流向存有差异潮流的汇流与分流区，因而潮动力较弱，利于泥沙落淤。由于海床淤积，水深较浅，因此长期存在的−8 m 以浅的浅水区，其近期演变见图 4-32。近年来，随着北港区建成，沿岸潮流速增大，蒋公柱前沿浅水区面积逐年被冲刷减小，−8 m 浅水区面积和最浅点列于表 4-30。不同年代等深线对比如图 4-32。

表 4-30　蒋公柱前沿−8 m 浅水区面积和最浅点水深逐年变化

年　月	面积/万 m^2	最浅点/m	年　月	面积/万 m^2	最浅点/m
1998.11	34.0	−7.4	2006.04	8.7	−6.2
2004.04	80.3	−6.7	2007.04	3.1	−6.3
2005.04	35.2	−6.8	2008.04	3.7	−6.4
2006.10	114.3	−5.7			

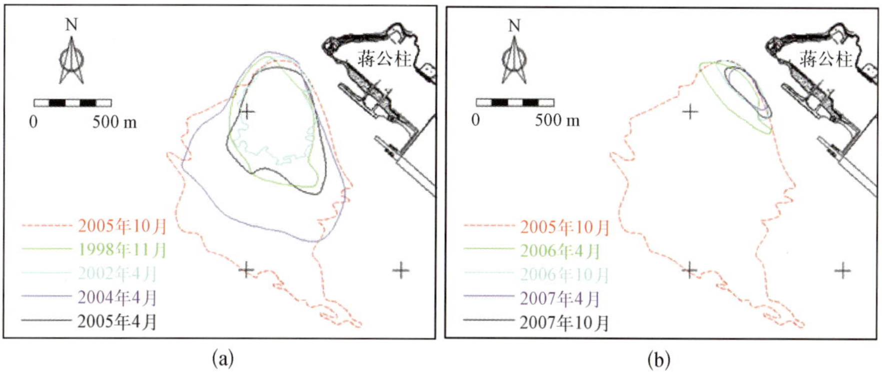

图 4-32　蒋公柱浅滩 −8 m 等深线冲淤演变图

表 4-30 表明，2004～2005 年东侧北围堤封堵后的短期内，北港区前沿水

流减弱，蒋公柱－8 m 浅滩迅速淤涨扩大至 114.3 万 m^2。此后，随着流速恢复与地形调整，北港区前沿潮流速增大，颗珠山汊道落潮流增强，蒋公柱南侧分流沿工作船码头前顺北港区东流下泄，在浅水区外形成冲刷槽地形，对蒋公柱外侧浅滩产生冲刷切割，浅水区面积开始逐年减小，目前仅维持在 6 万 m^2 左右。

综上所述，洋山港海区西北隅海域，其前沿潮动力在受到洋山港区主通道西口门潮动力控制的同时又受颗珠山汊道的进出潮流的影响。颗珠山汊道已成为出水、出沙的主要通道，其对该海区落潮流的强大“吸纳”作用，拉动了西港区前沿潮动力的增强，加大了对海床地形的冲刷；同时冲刷泥沙被其“吸纳”排向外海，减少了淤积量。因此，2005 年 4 月三次大规模堵汊工程后，该区海床逐年冲刷加深，南部主通道 10 m 等深线西移，颗珠山汊道出口 10 m 等深线下伸扩展，颗珠山东部蒋公柱前沿－8 m 浅水区范围亦被冲刷缩小，这些均对西港区海床地形不断冲刷增深十分有利，无疑为西部海区深水泊位的建设提供了有利的环境。

4.4.4 洋山港北港区建成后的回淤分析

崎岖列岛北岛链仅留颗珠山汊道未予封堵。汊道封堵后，形成统一顺直岸线 5 700 m，其中一期 1 640 m、二期 1 460 m、三期 1 600 m，建成了洋山一、二、三期港区，总面积 563 万 m^2。其中一期 118 万 m^2，二期 105 万 m^2，三期 340 万 m^2，分布如图 4－33。

图 4－33 洋山北港区形势图

由于汊道封堵后在汊道口均形成了淤积体，导致封堵口前沿水深迅速变浅，必须进行疏浚开挖才能形成深水港池，其中驳岸向海 90 m 内为泊位区，距岸 90～800 m 为港池区。于泊位区和港池区开挖后，港内产生回淤。下面分别为 2004 年 4 月至 2007 年 4 月二、一、三期码头泊位区和港池区冲淤量统计(表 4－31 至表 4－34)。其中冲刷量实际上主要为人工疏浚结果。

表 4－31　二期码头泊位和港池冲淤量统计　　“—”冲

年　份	码头泊位(13.3 万 m^2)		港池区(105.2 万 m^2)	
	冲刷/万 m^3	淤积/万 m^3	冲刷/万 m^3	淤积/万 m^3
2004.4～2005.4	−6.3	12.4	−83.8	9.7
2005.4～2006.4	−17.5	2.8	−190.7	0.5
2006.4～2007.4	−38.9	0.0	−311.2	0.3

表 4－32　一期码头泊位和港池冲淤量统计　　“—”冲

年　份	码头泊位(15 万 m^2)		港池区(118.8 万 m^2)	
	冲刷/万 m^3	淤积/万 m^3	冲刷/万 m^3	淤积/万 m^3
2004.4～2005.4	0.0	26.4	−61.7	70.4
2005.4～2006.4	−31.8	2.5	−111.3	27.7
2006.4～2007.4	−28.9	0.2	−63.8	16.5

表 4－33　三期码头泊位和港池冲淤量统计　　“—”冲

年　份	码头泊位(23.2 万 m^2)		港池区(186.1 万 m^2)	
	冲刷/万 m^3	淤积/万 m^3	冲刷/万 m^3	淤积/万 m^3
2004.4～2005.4	−23.0	16.6	−298.3	64.6
2005.4～2006.4	−1.3	67.5	−146.9	150.0
2006.4～2007.4	−21.4	14.0	−243.3	88.7

表 4－34　工作船码头泊位和港池冲淤量统计　　“—”冲

年　份	码头泊位(7.2 万 m^2)		港池区(56.8 万 m^2)	
	冲刷/万 m^3	淤积/万 m^3	冲刷/万 m^3	淤积/万 m^3
2004.4～2005.4	−1.7	3.1	−20.8	0.1
2005.4～2006.4	−1.9	5.3	−124.5	0.9
2006.4～2007.4	−1.2	8.3	−76.4	2.9

表 4－31 至表 4－34 总体上反映了建港工程对各码头区冲淤情况的深刻影响，首先是堵汊工程带来了码头前沿大片淤积区的存在，其次是为满足码头区泊位和港池水深的需要均实施了人工疏浚开挖，此后则是形成码头

泊位和港池后带来不同程度的泥沙回淤及疏浚维护。各码头区横断面布置见图 4 - 34，疏浚开挖前后情况分述如下。

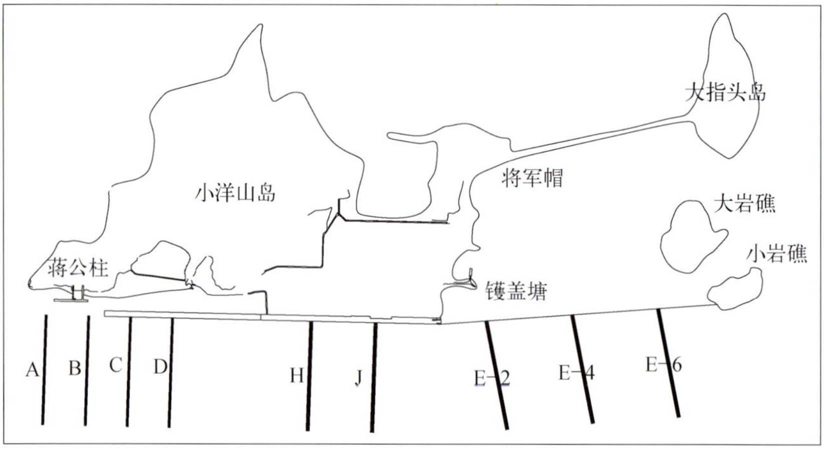

图 4 - 34　北港区前沿横断面布置

1. 工作船码头区水深变化

工作船码头位于一期码头西侧，受在颗珠山汊道口门附近分流和汇流影响，是局部缓流区，利于淤积，最大年淤积可达 1 m，在距岸 90～800 m 港池区内，自 2005 年 4 月至 2007 年 4 月，由于受人工疏浚开挖，水深加深，地形上表现最大加深为 2.18 m，冲刷大于淤积。其中 2006 年 4 月～2007 年 4 月平均刷深 1.29 m，2006 年 10 月以后疏浚后回淤 0.60 m，2007 年 4 月后港池区明显产生淤积，码头泊位区较 2006 年 10 月淤高了 0.88 m，港池区淤高了 0.35 m(图 4 - 35)，总体上整个工作船码头区的水沙环境以淤积环境为主，建成后回淤量是整个北港区内的主要淤积区。

2. 二期港区码头泊位和港池区水深变化

二期港区码头泊位位于工作船码头和一期港区之间，其中靠岸 90 m 内的码头泊位区面积 13.3 万 m^2，90～800 m 的港池面积 105 万 m^2，由于处在一期码头堵汊区的西侧，原始地形较高，码头建设前地形水深一般在 10～12 m，码头建设期间进行了大面开挖，2006 年 1～11 月开挖量达 1 500 万 m^3，加大水深至 16～18 m，普遍加深了 3.5 m 左右，2006 年 10 月后出现浚后回淤，泊位区和港池区水深普遍减小了 0.43～3.67 m，2007 年 7 月后又

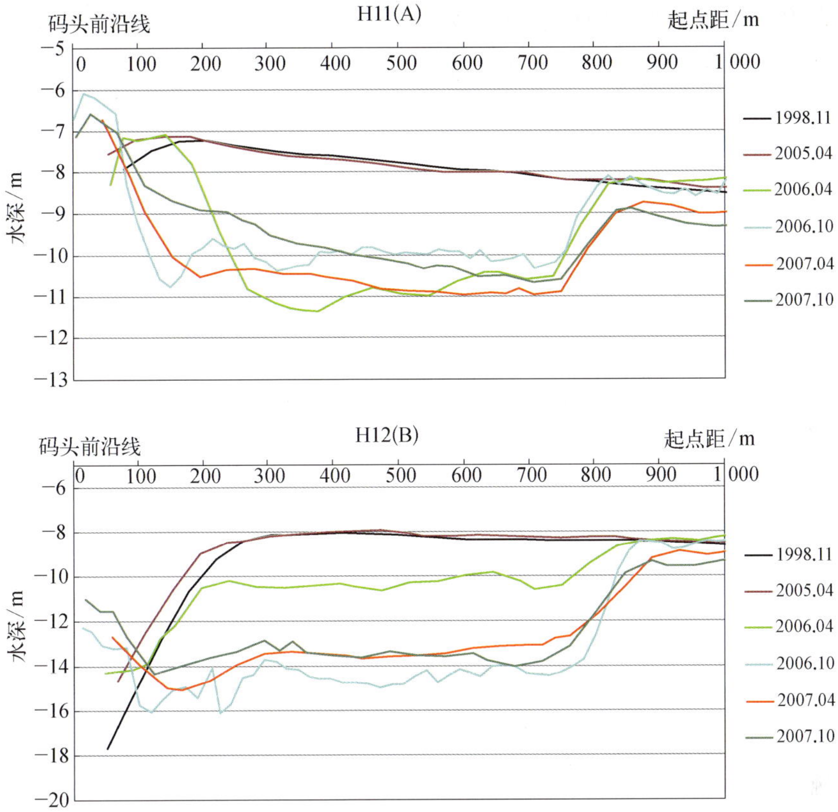

图 4-35 工作船码头前沿历年水深变化横断面图

进行疏浚，水深增加 0.31 m。由于疏浚后，回淤量较小(图 4-35)，总体上水深保持优良，满足了深水港的航行要求。

3. 一期港区码头泊位和港池水深变化

码头区建于小洋山—镬盖塘堵汊口，堵后即形成一舌状淤积体，码头前沿水深由原来的 20 m 左右减小为 10～11 m，2005 年 3 月至 2005 年 10 月进行基建开挖泥土近 510 万 m^3，使泊位区水深加深了 2.0 m 左右，港池水深加深了 0.70 m，使泊位和港池水深达到 16.0 m 以上。以后 2006 年 4 月至2006 年 7 月又经过一次疏浚量达 160 万 m^3 的维护，使泊位区水深加大了 1.88 m，2007 年 7～8 月又疏浚 40 万 m^3，经过基建开挖后的回淤，加上少量疏浚维护，港区泊位和港池水深基本保持在 16～17 m 水深(图 4-36)，可常年保证三、四代集装箱船只的靠泊。

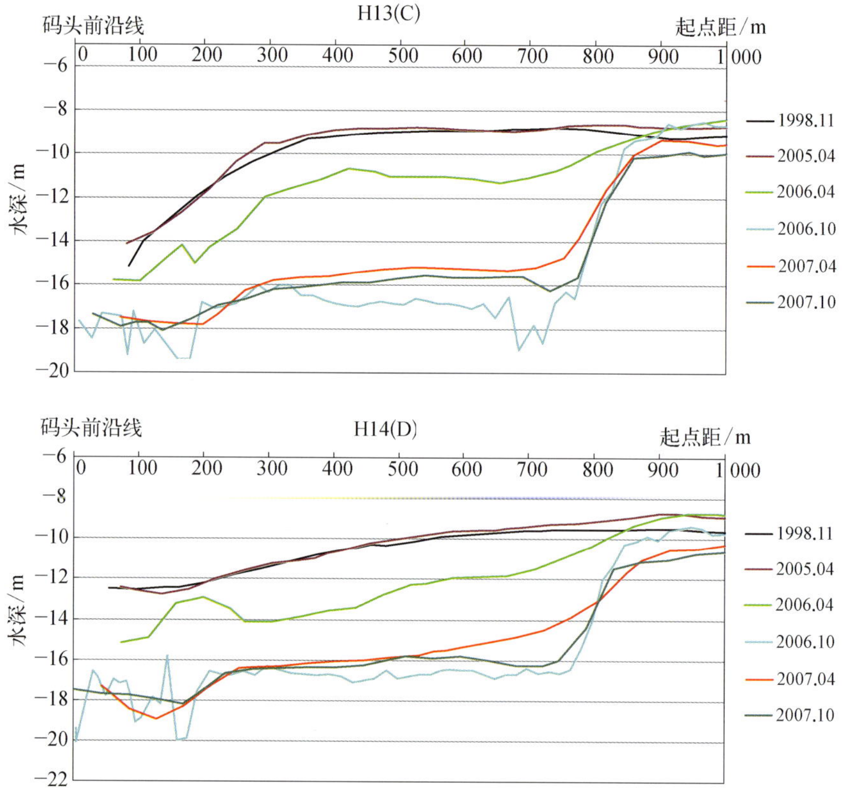

图 4-36　二期码头前沿历年水深变化横断面图

4. 三期码头泊位及港池水深变化

2005 年 4 月东侧北围堤堵汊工程完成，形成港区，此项工程规模最大，堵汊后阻断了原汊道内涨落潮潮流进出，分别占堵汊前的分潮量 10%（涨）和 16%（落），明显引起汊道口门前沿潮流速的降低，落潮流速降低了 39%，涨潮流速降低了 32%，从而出现了历史上最大面积的淤积区。由于三期码头建于近大通道深槽的近岸水下岸坡，受大通道较强水流冲刷下，基本不受堵汊后淤积影响，水深保持良好，在建设过程中，除对码头前沿泊位区进行一定基建开挖外，大部码头泊位和港池内水深保持良好，回淤甚少，不仅不需进行疏浚维护，还受大通道内水流影响，出现自然冲刷（图 4-38）。

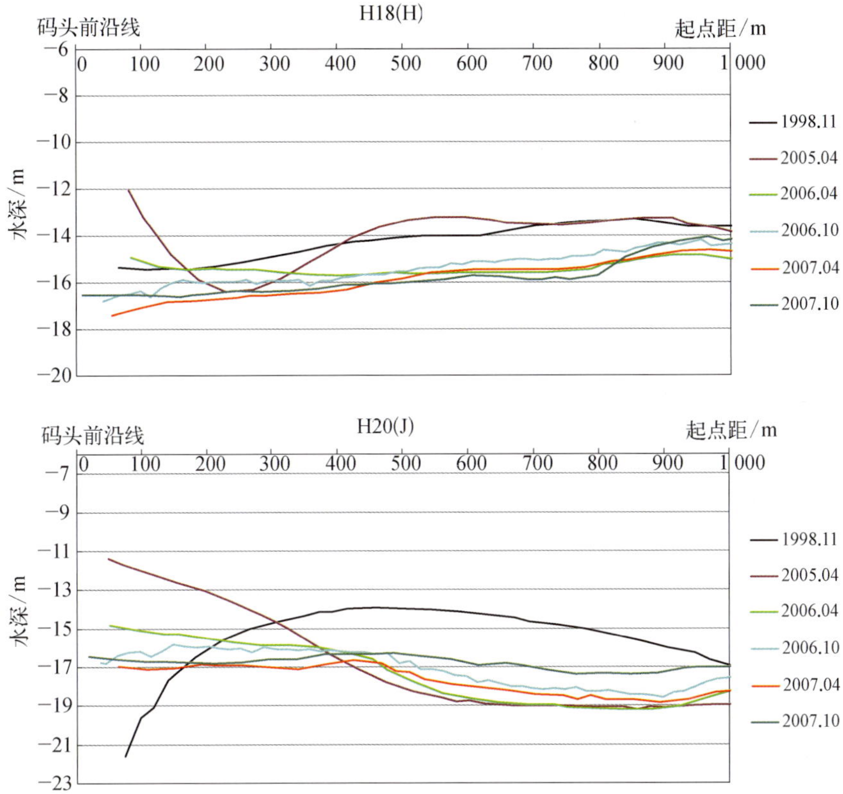

图4-37 一期码头前沿历年水深变化横断面图

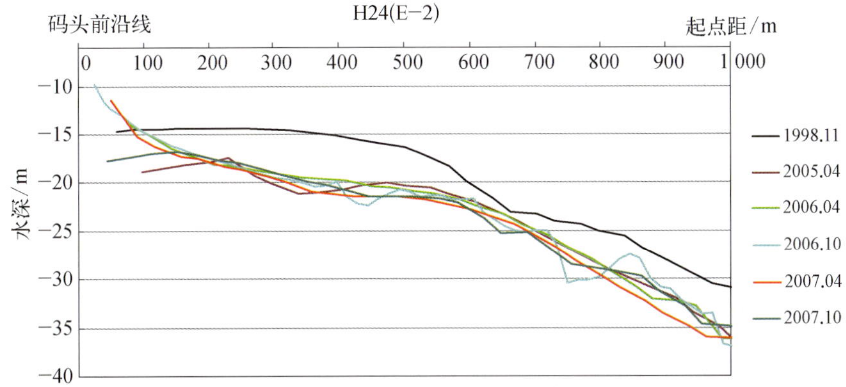

图4-38 三期码头前沿历年水深变化横断面

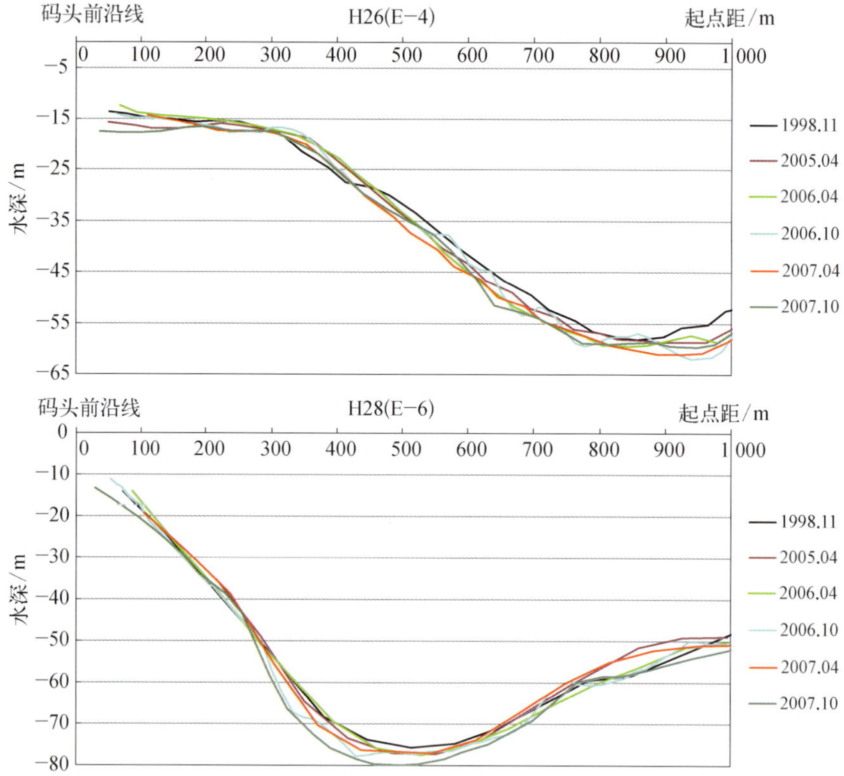

图 4-38 三期码头前沿历年水深变化横断面(续)

在上述分析中可以认为，至 2006 年 10 月，随着北岛链三个汊道的先后封堵，形成了北港区长达 5.7 km 的顺直岸线，建成了一、二、三期码头区和西侧的工作船码头区，经过开挖形成了水深超 16 m 的深水港池。建成投产后，包括码头泊位区在内的港池水域水深保持优良。

北港区良好的水深环境的形成，无疑与下列原因有关。

其一，堵汊工程后，形成北岛链顺直岸线，使北港区沿岸水域潮动力得到明显加强(表 4-35)，其中北港区落潮流贴岸而行，已成为维持北港区码头泊位区和港池水深的主要动力因素。堵汊后港区前沿潮流流速逐年加大，落潮流大于涨潮流，此外，潮流轴向与顺直岸线一致，有利于沿岸泥沙输移，加大冲刷量，减少落淤量。

其二，北港区西侧颗珠山汊道已成为吸纳西口门落潮流量和输沙量向外分泄的通道，汊道内地形不断冲刷，根据实测资料的分析，颗珠山汊道的落潮在一个潮周期内外泄分流量达 6 亿 m^3 左右(表 4-36)，占西口门 14%～15%，净泄沙量约 31 万 t(表 4-37)。表 4-37 反映了堵汊工程后，

表 4-35　堵汊工程后北港区前沿流速变化　（单位：m/s）

测次	工作船码头		二期码头		一期码头		三期码头	
	涨潮	落潮	涨潮	落潮	涨潮	落潮	涨潮	落潮
2005.1	0.51	0.75	0.55	0.81	0.35	0.57	0.40	0.61
2007.4	0.61	0.73	0.60	0.79	0.69	0.86	0.57	0.75
2007.10	0.54	0.73	0.55	0.81	0.69	0.87	0.75	0.86

表 4-36　颗珠山汊道断面涨、落潮潮量统计（单位：亿 m^3）

测次	05.04	05.10	06.01	06.04	06.10	07.01	07.04	07.10	08.05
涨潮量	4.70	4.94	4.40	3.59	3.95	3.36	3.12	4.00	3.83
落潮量	5.06	6.42	4.98	6.10	7.80	5.73	5.53	6.81	6.23

表 4-37　颗珠山断面输沙量(周日)　（单位：万 t）

测　次	大　潮			中　潮			小　潮		
	涨潮	落潮	净泄量	涨潮	落潮	净泄量	涨潮	落潮	净泄量
2005.01	73.6	93.8	20.2	56.1	71.1	15.0	36.7	26.6	−10.1
2007.04	84.9	166.7	81.8	42.2	48.1	5.9	28.2	31.0	2.8
2008.05	66.9	117.0	50.1	62.8	93.5	30.7	31.5	52.0	20.5

进入颗珠山汊道的潮量和沙量明显增大，大大减少了南北岛链西口门海域高含沙水体顺落潮流沿岸向北港区输送沙量，从而减轻了北港区回淤泥沙来源和回淤强度，与此同时，颗珠山汊道的分流还缓解了北港区东口门因壅水而引起的淤积，因此，颗珠山汊道的存在是确保北港区减淤、少淤的最重要因素。

其三，人工的疏浚维持是保持港池码头区水深的手段之一，同时浚后水深的增加又起到了加快各港区间顺岸潮流的顺畅，加大底部泥沙冲刷和下泄，使疏浚后水深更易得到保持。

其四，开港后，吃水深度大的大型船舶的频繁进出，对港池底部淤积泥沙产生扰动，加大了潮流对泥沙的搬运，有利减少回淤。

总之，从北岛链前沿洋山北港区一、二、三码头建成以来，港区码头和港池水深的维护状况说明，码头区泊位港池回淤量保持在较低水平，水深维护极为良好，这个事实足以证明崎岖列岛南、北岛链间海域所处的特殊优良水沙动力条件和冲淤环境，不仅为上海国际航运建设提供了一个良好的建港区域；同时作为长江口外，一个岛链中的峡道港湾型的淤泥质港口，虽然处在长江口下泄丰富泥沙的入海区附近，但是由于对岛链水流和泥沙运动特殊环境的正确认识，在对岛链汊道封堵前后出现的自然演变和人工工程控制条件下水沙运动和冲淤规律的掌握，按照科学规律进行建港，使洋山港建设取得了良好的效果，为我国沿海岛屿的港口建设提供了一个良好范例。

附　录

洋山海域位于杭州湾口北和长江口南槽外，处在河口海湾交汇段。滔滔江水与湍急潮流汇集，悬沙浓度甚高，海域内岛屿密布，岛间狭道深槽纵横，水文泥沙条件相当复杂。工程前该海域水沙观测资料相当匮乏，其他环境资料也较少。为了能建设具有高科技含量的上海国际航运中心的洋山深水枢纽港，首先必须充分摸清各项环境要素，并以此为基础指导全工程建设，为此进行了数十航次大规模的水文泥沙气象观测和海流监测。

一　洋山海域水文泥沙观测概况

1. 定点周日连续水文泥沙观测

(1) 洋山港选择论证和工程规划阶段(1996～1999 年)：分别于 1996.10.17～1996.11.16、1997.9.10～1997.9.24 和 1999.1.14～1999.2.5 进行三次大规模定点水文泥沙气象观测，共布设 63 个测站，共获 189 测次的水文泥沙观测资料和 627 个底质样本。

(2) 工程施工阶段(2000～2009 年)：分别于 2000.1.15～2000.2.17、2002.3.27～2002.4.26、2002.6.26～2002.7.19、2003.10.26～2004.11.4、2004.5.6～2004.5.13、2005.1.9～2005.1.24、2005.7.8～2005.7.17、2006.4.28～2006.5.13、2007.4.18～2007.5.4、2007.10 和 2008.5.5～2008.5.21 共进行了 15 次大规模的定点水文泥沙观测，主要在港区内、汊道间和航道上布设了 118 个测站，共获得 350 测次以上的水文泥沙资料(表 1)354 个底质点取样，内有 8 个测站进行连续 15 周日的水文泥沙观测，其中 P 测站进行了 5 次 15 周日连续观测，测站站位图如图 1。

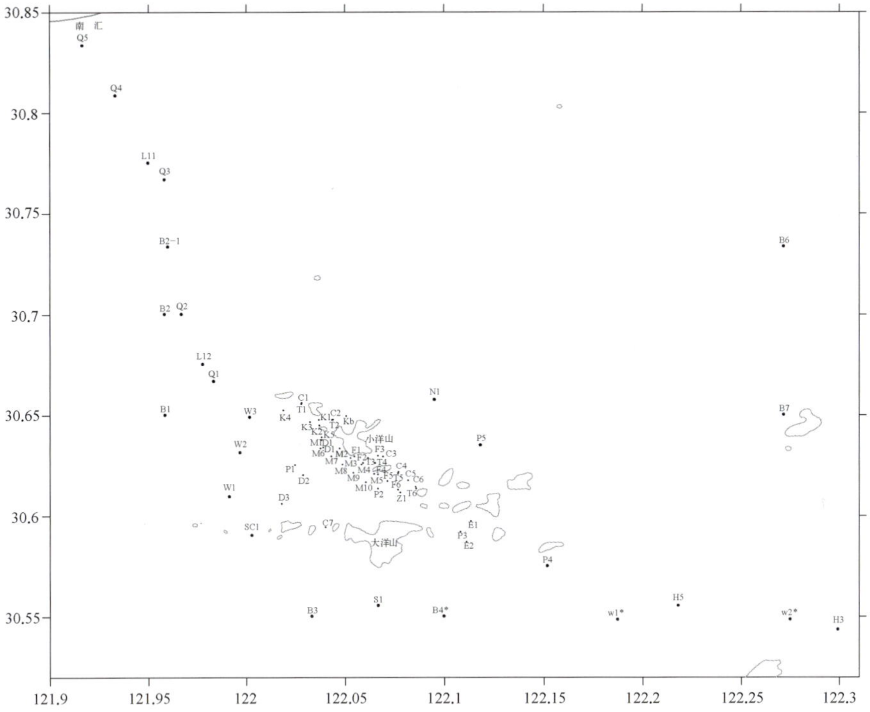

图 1　崎岖列岛海域水文观测站位图

2. 断面 ADCP 海流走航监测

洋山深水港工程开始后自 2002 年 10 月至 2009 年 4 月，共进行了 24 期(25 航次)断面海流监测，监测断面 37 个，最长断面(ADCP－13 西口断面)长 7 700 m，最短断面(ADCP－9 颗珠山汊道断面)长 650 m。在断面上以 100 m 间距垂向摘取 6 层水流观测记录，在大潮或大中小潮期间，以周日 28 h，逐时进行监测。共进行了 186 个断面次的观测(表 2)，历次监测断面布置如图 2。

二　洋山海域潮位观测

1. 永久验潮站观测

(1) 小洋山工作船码头(客船码头)永久验潮站(1997. 8. 1～2009. 12. 31)。

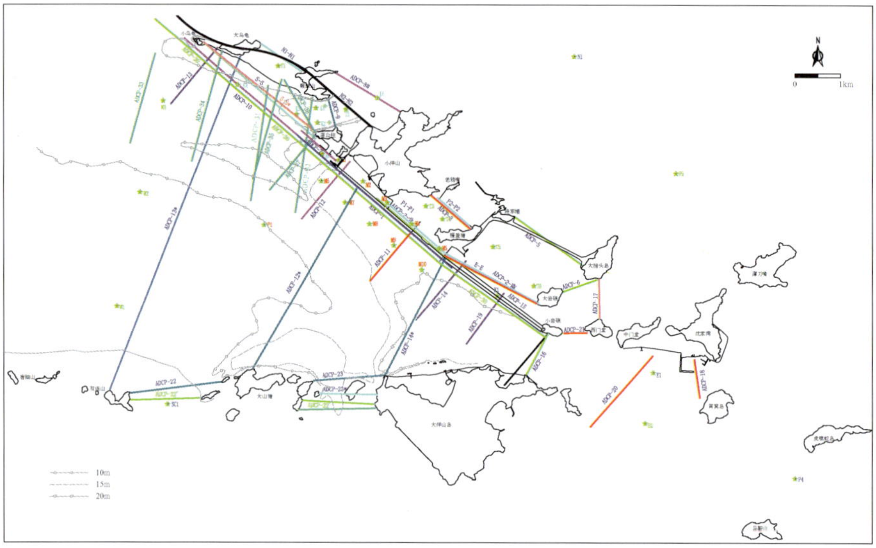

图 2　洋山海域历次海流监测 ADCP 断面布置图

(2) 收集嵊山、大戢山、芦潮港、滩浒、黄龙山、大渔山、鼠浪潮和长涂等永久验潮站观测资料。

2. 临时验潮站观测(连续 15 周日以上观测)：

(1) 2005.6.28～2005.7.17，7 个测站：N－1(小洋山西北)、N－2(东侧北围堤北)、S－1(大乌龟西南)、S－2(工作船码头)、S－3(东侧北围堤南)、S－4(小岩礁)、S－5(沈家湾)。

(2) 2005.9.28～2005.10.19，6 个测站：S－1(大乌龟西南)、SS－1(双连山北)、S－2(工作船码头)、N－1(小洋山西北)、S－4(小岩礁)、S－5(沈家湾)。

(3) 2006.4.26～2006.5.14，5 个测站：大乌龟北站、双连山站、小洋山北站、小洋山南站、东口门站。

(4) 2007.4.18～2007.5.5，5 个测站：小洋山北站、小洋山南站、小岩礁站、双连山站、大洋山东站。

(5) 2008.5.5～2008.5.21，9 个测站：大乌龟南站、工作船码头站、一期码头站、小岩礁站、杨梅嘴站、双连山站、大山塘站、大洋山西站、大洋山东站。

以上临时验潮站布置如图 3。

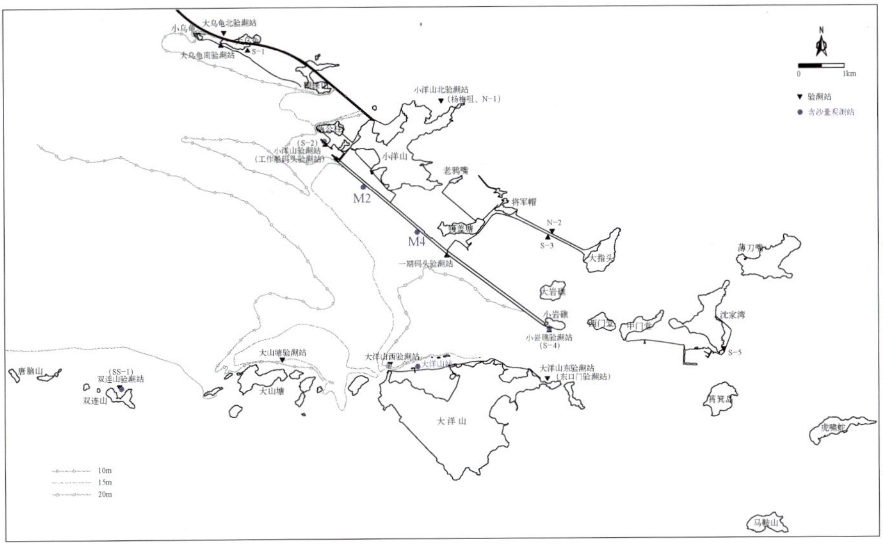

图 3　洋山港区海域验潮站位及含沙量观测站图

三　水文气象观测

1997.8～2009.7 风、波浪观测站：观音山站、杨梅嘴站，金鸡岭站。

1997.8～2009.7 水位、表层含沙量观测站，客轮、工作船码头站。

四　工程施工进展概况

洋山深水港工程于 2002 年 10 月开工建设以来，在北岛链中先后封堵了小洋山—镬盖塘（中汊道）、大乌龟—颗珠山（西汊道）、镬盖塘—大岩礁（东汊道）三个汊道，实施了一期、二期工程，前后进行了一、二期港池开挖和小岩礁局部炸礁、中港区码头驳岸建设和中港抛沙造陆等工程及三期东侧北围堤工程、大指头—大岩礁—小岩礁分汊口封堵及东港区抛填造陆和码头驳岸建设等工程。各年度工程进展概况如下所示。

（1）2002 年 10 月至 2003 年 9 月完成小洋山—镬盖塘汊道的封堵，同期于 2002 年 12 月开始吹泥填土，至 2004 年 6 月全部结束，成陆面积 115 万 m^2，成陆沙量 2 370 余万 m^3。

（2）2003 年 4 月至 2004 年 5 月完成大乌龟—颗珠山汊道的封堵。

(3) 2004 年 6 月至 2005 年 4 月完成将军帽—大指头岛汊道的封堵，即东侧北围堤工程。同期于 2005 年 2 月开始一期工程港池的开挖工程，至 10 月完成疏浚土方 511 万 m^3。

(4) 2005 年 4 月至 2006 年 4 月完成三期港区南侧岸线(镬盖塘—小岩礁)1 350 m 后方陆域吹填沙土共 2 000 多万 m^3。2006 年 10 月 5 日三期港区抛沙成陆工程南侧板桩墙沉桩全部结束，并完成东侧大指头岛—大岩礁—小岩礁汊道封堵。2005 年 11 月至 2007 年 4 月完成三期码头工程。二期港池开挖工程疏浚土方量 543 m^3，于 2006 年 10 月 10 日竣工。

(5) 一二期港池维护疏浚工程于 2007 年 7 月 1 日开始，至 2007 年 8 月 31 日结束，疏浚土方量分别为 40 万 m^3 和 158 万 m^3。

(6) 2007 年 10 月至 2008 年 10 月开始洋山西港区工程前期工作。

表 1　定点水文泥沙周日连续观测涨一览

	日期、范围	测站布置	观测项目	测点站名
1	1996.10.17～1996.11.16 崎岖列岛海域	水文测站 15 个 底质点 627 个	测流、含沙量、底质(大中小潮)	P_1、P_2、P_3、P_4、P_5、LI_1、LI_2、B_1、B_2、B_3、B_4、B_5、W_1、W_2、W_3
2	1997.9.10～1997.9.24 崎岖列岛海域	水文测站 20 个	测流、含沙量、漂流(大中小潮)	P_1、P_2、P_3、P_4、P_5、B_1、B_2、B_3、B_4、B_5、F_1、F_2、F_3、F_4、F_5、F_6
3	1999.1.14～1999.2.5 崎岖列岛海域	水文测站 30 个，其中 1 个 15 周日连续观测	测流、含沙量、漂流(大中小潮)	B_1、B_{2-1}、B_{3-2}、B_{4-2}、B_{5-1}、B_6、B_{7-2}、P_1、P_2、P_{4-2}、W_{1-1}、W_{1-2}、W_{2-2}、Q_1、Q_2、Q_3、Q_4、Q_5、D_1、D_2、D_3、P_{5-1}、C_1、C_2、C_3、C_4、C_5、C_6、C_7
4	2000.1.15～2000.2.17 一期港池水域	水文测站 11 个	测流、含沙量(大中小潮)	M_1、M_2、M_3、M_4、M_5、M_6、M_7、M_8、M_9、M_{10}、P_1
5	2002.3.27～2002.4.26 工程抛泥区	水文测站 11 个	测流、含沙量、漂流	M_1、M_2、M_3、M_4、M_5、M_6、M_7、M_8、M_9、M_{10}、P_1
6	2002.6.26～2002.7.19 港区、航道、汊道	水文测站 22 个(23 次) 地质点 37 个	测流、含沙量、漂流、底质(大中小潮)	W_3、P_1、T_2、M_8(2 次)、M_2、M_4、M_5、M_6、M_{10}、P_5、E_1、E_2、B_4、H_3、H_5、W_1、W_2、T_1、T_3、T_4、T_5、T_6、
7	2003.1～2003.2 港区、航道	底质点 40 个	底质(大中小潮)	

（续表）

	日期、范围	测站布置	观测项目	测点站名
8	2003.10.26～2003.11.4 港区、颗珠山汊道	水文测站12个 底质点36个	测流、含沙量、漂流、底质（大中小潮）	K_1、K_2、K_3、K_4、K_5、K_6、T_2、M_4、M_6、M_9、M_{10}、P_1
9	2004.5.5～2004.5.30 港区、港池	水文测站13个，其中1个15周日连续观测，底质点45个	测流、含沙量、底质（大中小潮）	H_3、H_5、P_1、P_4、N_1、S_1、M_4、M_6、M_9、SC_1、W_1、W_2、W_3
10	2005.1.9～2005.1.24 港区	水文测站4个，其中2个15周日连续观测，底质点13个	测流、含沙量、底质	M_4、M_9 M_2、P_1（2站连续15日）
11	2005.7.8～2005.7.17 港区、航道、汊道	水文测站7个 底质点32个	测流、含沙量、底质（大中小潮）	T_2、K_1、K_2、K_3、K_4、M_6、P_1
12	2006.4.28～2006.5.13 港区、航道、汊道	水文测站18个，其中1个15周日连续观测，底质点47个	测流、含沙量、底质（大中小潮）	N_1、N_2、N_3、W_1、W_2、W_3、K_1、K_2、K_4、P_2、P_4、E_1、E_2、SC_1、SC_2、SC_3、S_1、P_1（连续15日）
13	2007.4.18～2007.5.4 港区、航道、汊道	水文测站17个，其中1个15周日连续观测，底质点48个	测流、含沙量、底质、底沙（大中小潮）	K_4、W_1、W_2、W_3、K_1、K_2、K_5、P_2、P_4、E_1、E_2、SC_1、SC_2、SC_3、S_1、P_1（连续15日）
14	2007.10 主通道	6个测站连续观测15日	含沙量（15日）	M_2、M_4、（小岩礁、工作船码头、双连山、大洋山）
15	2008.5.5～2008.5.21 港区、航道、汊道	水文测站19个，其中5个15周日连续观测，底质点56个	测流、含沙量、底质、底沙（大中小潮）	N_2、S_1、K_3、K_5、M_{11}、W_1、W_3、K_1、K_2、SC_1、SC_3、K_4、P_1、GZC、M_2、M_4、XYZ、SLS、DZK

表2　洋山深水港历次水文监测统计

总测次	分测次	测量时间	测流断面（断面号）	取样及断面修改说明
0	2002-00	2002.3.30.6:00～2002.4.9.11:00	P_1-P_1、P_2-P_2、E-E、S-S、N_1-N_1、N_2-N_2	总测次6：12个表层+4个3层共24点
1	2002-01	2002.10.22.12:00～2002.10.23.17:00	1,2,3,4	
2	2002-02	2002.12.20.10:00～2002.12.21.14:00	1,2,4,5,6	
3	2003-01	2003.2.16.10:00～2003.2.17.13:00	1,2,4	

（续表）

总测次	分测次	测量时间	测流断面（断面号）	取样及断面修改说明
4	2003-02	2003.6.15.9:00～2003.6.16.14:00	1,2,4,5,6	
5	2003-03	2003.9.27.5:00～2003.9.28.8:00	1,7	
6	2003-04	2003.12.24.10:00～2003.12.25.14:00	1,8,9,10,11,12,13,炸礁处	
7	2004-01	2004.3.21.6:00～2004.3.22.9:00	1,11,12,13,14,15,16	
8	2004-02	2004.5.5.10:00～2004.5.6.14:00(大)	5,9,16,17	总测次 8：ADCP-5:7个表层+1个3层；ADCP-9:2个表层+1个3层；ADCP-16:4个表层+1个3层；ADCP-17:3个表层+1个3层，共28点
		2004.5.9.8:00～2004.5.10.13:00(中)		
		2004.5.12.11:00～2004.5.13.15:00(小)		
9	2004-03	2004.7.2.17:00～2004.7.3.8:00	1,11,12,13,14,15,16	
10	2004-04	2004.9.28.9:00～2004.7.29.13:00	1,11,12,13,14,15,16,19	
11	2005-01	2005.1.11.9:00～2005.1.12.15:00(大)	1,9,11,12*,13*,14*,15,16	总测次 11：从本测次开始，原 12、13、14 断面位置调整为贯穿整个通道，断面名称以12*、13*、14*代替
		2005.1.15.9:00～2005.1.16.15:00(中)	9	
		2005.1.19.9:00～2005.1.20.15:00(小)	9	
12	2005-02	2005.4.9.18:00～2005.4.10.21:00	9,11,12*,13*,14*,15,16,20,18	
13	2005-03	2005.7.7.17:00～2005.7.8.21:00	9,11,12*,13*,14*,16,17,18,20,S-S*	
14	2005-04	2005.10.4.16:00～2005.10.5.21:00	9,11,12*,13*,14*,16,18,20,21,22	
15	2006-01	2006.1.30.5:00～2006.1.31.9:00	9,12*,13*,14*,16,22,A_1,A_2,A_3	
16	2006-02	2006.4.28.10:00～2006.4.29.14:00(大)	9,12*,13*,14*,16,22,23,A_1,A_2,A_3	
		2006.5.1.12:00～2006.5.2.16:00(中)	16	
		2006.5.7.7:00～2006.5.8.9:00(小)	16	

（续表）

总测次	分测次	测量时间	测流断面（断面号）	取样及断面修改说明
17	2006－03	2006. 7. 28. 14：00～2006.7.29.16:00	9,12＊,13＊,14＊,16,22,23,A_1,A_2,A_3	
18	2006－04	2006. 10. 7. 12：00～2006.10.8.14:00	9,12＊,13＊,14＊,16,22,23	
19	2007－01	2007. 1. 20. 10：00～2007.1.21.15:00	9,12＊,13＊,14＊,16,22,23	
20	2007－02	2007. 4. 19. 11：00～2007.4.20.15:00	9,12＊,13＊,14＊,16,22＊,23＊、30	
21	2007－03	2007. 10. 11. 17：00～2007.10.12.20:00	9,12＊,13＊,14＊,16,22＊,23＊,30,31,32	
22	2008－01	2008.5.5.16:00～2008.5.6.20:00	8,9,12＊,13＊,14＊,16,22＊,23＊,30	
23	2008－02	2008. 10. 13. 6：00～2008.10.22.12:00	9,12＊,13＊,14＊,16,22＊,23＊,30	
24	2009－01	2009. 4. 11. 12：00～2009.4.17.12:00	9,12＊,13＊,14＊,16,22＊,23＊,37	

主要参考文献

戴贤凯，陆培东，杨正已. 1998. 开辟大洋山深水航道的初步分析. 水运工程，4：24－28.

蒋睢耀，吴明阳. 2000. 上海国际航运中心洋山港区水文地形特性与建设方案选择标准的分析研究. 水道港口，3：1－6.

陈沈良. 2000. 崎岖列岛海区的水文泥沙及其峡道效应. 海洋学报，22(3)：123－130.

陈沈良. 2000. 崎岖列岛海区百年冲淤特征及其原因. 海洋通报，19(1)：58－67.

庄骅. 2001. 洋山港区一期工程港池水域水文泥沙分析. 水道港口，22(3)：31－35.

虞志英，楼飞. 2004. 长江口南汇嘴近岸海床近期演变分析-兼论长江流域来沙量变化的影响. 海洋学报，26(3)：47－53.

付桂，李九发，戴志军，等. 2007. 南汇嘴—崎岖列岛海域海床演变初步探讨. 华东师范大学学报(自然科学版)，4：34－41.

杨忠勇，李娜，虞志英，等. 2010. 洋山港区堵汊工程对海底地形影响初探，海洋通报，29(2)：166－171.

张志林，朱巧云，陈建民，等. 2010. 崎岖列岛堵汊工程对洋山深水港区冲淤影响分析. 长江科学院院报，27(12)：5－16.

张志林，邓乾焕，朱巧云，等. 2011. 基于 ADCP 反向散射强度估算悬沙浓度在洋山港的应用研究. 水文，31(2)：62－68.

英晓明，丁平兴，胡克林，等. 2010. 基于 ADCP 和 OBS 观测的洋山港关键断面水沙通量研究. 泥沙研究，2：22－30.

吴明阳，冯玉林，阎新兴，等. 2003. 上海洋山港区定床泥沙模型试验研究. 海洋学报，25(2)：67－74.

章宏伟. 2006. 高含沙量岛屿海域工程建设的潮动力沉积影响研究. 中国海洋平台，21(4)：28－32.

方国洪等. 1986. 潮汐和潮流的分析和预报. 北京：海洋出版社.

陈宗镛，潮汐学. 1980. 北京：科学出版社.